JN099300

# ほんとうのグローバリゼーションってなに？

地球の未来への羅針盤

池上甲一・斎藤博嗣／編著

農文協

## 『テーマで探究　世界の食・農林漁業・環境』(全3巻) 刊行のことば

　ロシアによるウクライナ侵攻や原油と食料の価格高騰は、これまで当たり前と思い込んでいた食料の確保が本当は難しいことだという事実を私たちの目の前に突き付けました。同時に、これらのことは、日々の食料を確保する上で平和が決定的に重要であることも私たちに教えてくれます。このため、日々の暮らしの中では遠い存在だった農林漁業に関心を持つ人たちが増えています。

　実際、農林漁業は、食べることと住むことを通じて私たちのいのちと暮らしに深くかかわっています。また農林漁業は個人の暮らしだけでなく、地域、流域（森里川海の循環）、日本、さらには世界とつながっています。加えて、私たちの社会や経済の基盤になっている環境、生物多様性、文化、景観を守るという重要な役割も果たしているのです。

　編者らは以上の認識に立ち、本シリーズが中学・高校の探究学習にも役立てられることを念頭に、以下の3点を目的として本シリーズを上梓します。

①農林漁業がもつ多彩で幅広いつながりを理解するための手がかりを提供する。

②農林漁業の多様な役割を守り発展させるのに、小規模な家族農林漁業が重要であることを示し、しかもそのことが私たちの暮らす地域や国土を維持するうえで不可欠であることに、読者が気づけるようにする。

③世界各地の熱波、大型ハリケーン、大洪水、また日本でも頻発している集中豪雨や山崩れと、これらの「災害」を引き起こす「気候危機」、さらに安定的な農業生産を損なう生物多様性の喪失、プラスチックによる海洋汚染、2011年3月11日の原発事故、新型コロナウイルスなどの感染症、加えて戦争や為替レートの急変などのさまざまなリスクに対して、近代農業と食農システムはたいへんもろく、その大胆な変革が必要になっている。この問題を話し合うきっかけを提示する。

　本シリーズで扱うテーマは、いずれも簡単にひとつの答えを出せるような問題ではありません。本書の読者、とりわけ若い世代の人たちが、身近な生活を入口に地球環境や世界への問いを持ち続け、より深く考え続けること—その手がかりとして本書が活用されることを願っています。

2023年1月

編者を代表して　池上甲一

1 　刊行のことば

6 　本書の読み方

8 　はじめに── 世界の農と食、そして「平和」は、私たちの身近な問題 （池上甲一）

11 　本書に登場する主な略称

### 地球の気候変動

*Theme 1*

12 　気候が変調をきたしている （江守正多）
Q 地球が温暖化すると何が困るの？

*Theme 2*

16 　環境変動に農業はどう立ち向かうか （林 陽生）
Q 温暖化したら日本のお米はどうなる？

*Theme 3*

20 　立ち上がるＺ世代 （古賀 瑞）
Q 若者の問う「気候危機」はシングル・イシュー？

*Column 1*

24 　科学者は地球温暖化をどう解き明かしてきたのか── IPCCを中心に （上園昌武）

*Column 2*

26 　地球温暖化と世界の取り組み （浅岡美恵）

### 生物多様性と農業

*Theme 4*

28 　「生物多様性」と「生物文化多様性」 （鷲谷いづみ）
Q 生物多様性とはなんだろう？

*Theme 5*

32 　生物多様性と外来生物の複雑な関係 （北川忠生）
Q 外来生物は悪者なのでしょうか？

*Theme 6*

36 　生物多様性を守る農林漁業 （池上甲一）
Q 田んぼの役割はお米をつくることだけでしょうか？

*Theme 7*

40 　農業が環境を「つくり」、守る （池上甲一）
Q 自然に返せば、里山は復活する？

*Column 3*

44 　生きものを守る農業とは──トウキョウダルマガエルと中干しの関係 （守山拓弥）

### 感染症

*Theme 8*

46　**農業と感染症の関係**　（山本太郎）
　　**Q**　感染症の出現は人類に何を問いかけているでしょうか？

*Theme 9*

50　**新型コロナウイルス感染症が浮き彫りにした社会病理**　（藤原辰史）
　　**Q**　コロナは誰を苦しませたのだろうか？

*Column 4*

54　**人獣共通感染症と越境性家畜感染症**　（髙田礼人）

### 飢餓と肥満

*Theme 10*

56　**世界に広がる貧困・格差**　（池上甲一）
　　**Q**　経済成長はみんなを幸せにした？

*Theme 11*

60　**飢餓と肥満は同根の問題**　（池上甲一）
　　**Q**　肥満に悩む日本に飢え死にはない？

*Theme 12*

64　**世界は貧困と飢餓にどう立ち向かってきたのか**　（藤掛洋子）
　　**Q**　貧困と飢餓はなぜなくならないのでしょうか？

*Theme 13*

68　**「食堂」が与えてくれるもの**
　　**──日本でも広がった子ども食堂とフード・バンク**　（湯澤規子）
　　**Q**　食堂は食べるだけの場所？

### 都市化と食・農

*Theme 14*

72　**都市化する世界**　（古沢広祐）
　　**Q**　みんなが都市に住むのは良いこと？

*Theme 15*

76　**日本の過疎・過密問題はどう進展してきたのか**　（山下良平）
　　**Q**　住む人が減ったら都会に移るほうがよい？

Table of Contents

**紛争と難民**

*Theme 16*

80 **紛争が人権としての食を奪う──難民問題** （佐藤 寛）
　Q　紛争の下で、どうやって食べているの？

*Theme 17*

84 **難民・移民とエスニック食文化** （安井大輔）
　Q　日本で難民がベトナム野菜を栽培？

*Theme 18*

88 **人間の安全保障と紛争** （高橋清貴）
　Q　人間の安全保障って何でしょうか？

*Column 5*

92 **世界は難民問題にどう向き合ってきたのか** （岡野英之）

*Column 6*

94 **アフガニスタンの平和と「水」── 中村 哲さんの実践と願い** （橋本康範）

**平和と食・農**

*Theme 19*

96 **農業で国際協力をする** （池上甲一）
　Q　農業のODAは成果が上がっているの？

*Theme 20*

100 **食への権利と食料主権の実現に向けて** （岡崎衆史）
　Q　食への権利と食料主権って何？

*Theme 21*

104 **障害のある人と共に歩む農業** （猪瀬浩平）
　Q　誰にでも優しい農業とは？

*Theme 22*

108 **エシカルな消費とフェアトレード** （渡辺龍也）
　Q　私たちの消費が社会を変える？

*Column 7*

112 **2020年のノーベル賞はWFP国連世界食糧計画に** （中井恒二郎）

*Column 8*

114 **広がり始めた農と福祉と医療をつなぐ取り組み** （池上甲一）

未来への提言

*Theme 23*

116　小さな農業が次の時代を切り開く　（松平尚也）

　　　**Q**　小規模 vs 大規模農業　誰が世界を養うのか?

*Theme 24*

120　人らしく生きる田園回帰　（藤山 浩）

　　　**Q**　人はなぜ田舎に向かうのだろう?

*Theme 25*

124　食と農を学ぶ場を拡げる　（澤登早苗）

　　　**Q**　新しい農のあり方を楽しく学ぶには?

*Theme 26*

128　一人ひとりが農から「生きる力」を学ぶ　（斎藤博嗣）

　　　**Q**　むらの小さな学校だからできることは何?

*Column 9*

132　都市(まち)で農業をする　（竹之下香代）

*Column 10*

134　「ノンフォーマル教育」から学ぶ、食と農と私のつながり　（田村梨花）

137　おわりに──パラダイムシフトに向けた深い学びと変える力を　（池上甲一）

141　執筆者紹介

# 本書の読み方

## 【 *Theme*：テーマ編 】

［導入ページ］と［解説ページ］の2ステップで、環境や食と農、人権などに関するさまざまなテーマを解説します。取り上げるテーマは、地球が温暖化すると何が困るの？ 貧困と飢餓はなぜなくならないのでしょうか？ など。

### ［導入ページ］

### ［解説ページ］

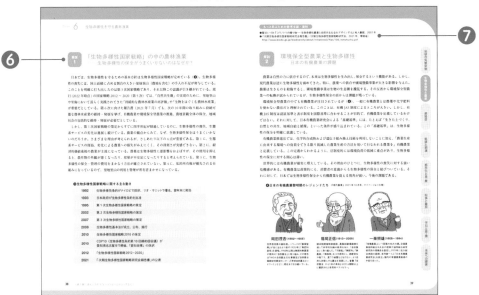

# 【 *Column* ：コラム編 】

テーマ編とは異なる角度で、より深く学びたいトピックや、キャリア選択にも役立つレポートなどを紹介しています。

| | | |
|---|---|---|
| ❶ | キークエスチョン | 冒頭に、環境や食と農、人権などに関する素朴な疑問、考える"種"となる問いかけを配置 |
| ❷ | テーマ編／本文 | キークエスチョンに応答する形で、取り上げたテーマの概要を解説 |
| ❸ | 探究に役立つ関連キーワード | 検索などで調べる際に役立つキーワード |
| ❹ | 分野 | 地球の気候変動、平和と食・農、未来への提言など、本書で取り上げる内容を8つに分類 |
| ❺ | 調べてみよう | より進んだ学びのアイデアとして、調べ方、具体的な行動などを提案 |
| ❻ | テーマ編／解説 | ［導入ページ］の内容の背景、歴史的経緯など、さらに深掘りして解説 |
| ❼ | もっと学ぶための参考文献・資料 | 関連本やWEBサイトなどを紹介 |
| ❽ | コラム編／本文 | テーマ編とは異なる角度で解説 |

# はじめに
## ── 世界の農と食、そして「平和」は、
## 私たちの身近な問題　（池上甲一）

世界と暮らしとの結びつきを実感した年

2022 年は人類史に記録される年になりそうです。2 月 24 日に始まったロシアによるウクライナへの侵攻は衝撃的でした。第 2 次世界大戦が終わってから半世紀以上もたつのに、いまだに人類社会は「平和」の構築に成功していません。

2 番目に挙げられるのは、地球温暖化による気候変動が引き起こす「極端現象」が頻繁に発生し、世界各地に爪痕を残したことです。熱波と大規模な山火事、大洪水、ハリケーンなどの暴風雨、干ばつなどが相次いで発生しました。まさに「気候危機」と呼んでもおかしくない段階に入っています。

こうしたなかで国連は 2022 年 6 月 6 日に、飢餓と栄養不足の状況が悪化しているとの警告を発表しました。そのことはいわゆる「発展途上国」に限った話ではありません。日本でもコロナ禍のなかで、食料の支援を受けざるを得ない人たちがたくさん生まれました。2022 年の春先以降の食品価格の値上げが追い打ちをかけています。コロナ禍とロシア・ウクライナ戦争は、食料保障がけっして安定しているものではないことを私たちに教えてくれました。しかも輸入に依存している燃料、化学肥料や家畜のえさの価格も上がり、日本の農家は経営難に直面しています。

このように、「食べること」から考えると、世界の出来事と私たちの暮らしが密接につながっていることがよくわかります。また環境問題とも深くかかわっていることが実感できます。さらに、日常の暮らしでは直接見えてこない農林漁業との関係も理解することができるでしょう。

第 1 巻のねらいと構成

　『世界の食・農林漁業・環境』第 1 巻はグローバルな視点からさまざまな問題にアプローチします。私たちは日々の暮らしに追われていて、なかなか世界の動きにまで目を配ることができません。しかし、私たちの暮らしと世界とのつながりはどんどん強くなっています。だから、グローバルな視点から社会の出来事を考える習慣を身につけておかないと、いろいろな問題の理由がよくわからなかったり、ひどい場合にはひとりよがりの理解に基づいて独善的な解決を目指そうとしたりする危険が生じます。

　こうした問題意識から、第 1 巻では「地球は病んでいる。しかし希望はある」ことを一番重要なメッセージとして訴えたいと思います。「地球が病んでいる」ことはたくさんの人が気づいています。2020 年 12 月には国連のグテーレス事務総長が「端的に言えば、地球は壊れている」と警告しました。「地球が壊れている」というのはかなりショッキングな表現ですが、国連事務総長がこうした表現を使わざるを得ない段階に入っているのです。

　「病んでいる地球」の内容は多岐にわたります。第 1 巻は 8 つの分野に分かれていますが、大きくは環境と感染症の問題、社会経済的・政治的な問題、未来に向けた希望という 3 つに分けることができます。これらの分野の第一線で活躍している 31 名の方々から原稿を寄せてもらいました。

　一つめのくくりは、地球の気候変動と生物多様性の喪失、さらに感染症の問題を扱います。2022 年 11 月 6 日 ～ 20 日にはエジプトのシャルム・エル・シェイクで COP27（国連気候変動枠組条約第 27 回締約国会議）が開かれました。日本から

も高校生や大学生が何人も参加しました。彼ら・彼女らはなぜCOP27に向かったのでしょうか。このパーツを読むと、その理由の一端が浮かび上がってくるでしょう。

二つめのくくりでは飢餓・貧困、都市化、紛争に焦点を当てています。飢餓と貧困はいわゆる「発展途上国」だけでなく、経済先進国でも深刻化しています。ここでは一体的な関係にある肥満と飢餓と貧困、「都市の時代」における農業・農村の位置づけ、紛争と難民といった「病んでいる地球」の社会経済的・政治的な具体的な現れを取り扱います。

三つめのくくりでは、希望のある未来をどうつくっていくのかを考えます。このくくりではまず「平和と食・農」について考えます。次に「未来への提言」を用意しました。といっても、これが正解だというものではありません。中心になるのは「学び」の意義と可能性です。未来を構想するときに、学びの持つ意義はいくら強調してもし過ぎることはありません。それは試験のために「正解」を求める勉強とは少し違っていて、自分たちでいろいろな問題を「発見」し、その理由を考え、克服方向を望ましい未来に結びつけていく「構想力」を磨くことだと考えています。「探究する力」と言い換えてもよいでしょう。

この意味で、第1巻もほかの巻と同様に、クリティカル・シンキングのレッスンだといってもよいでしょう。それぞれのパーツの冒頭にはキーとなる質問とそれに対する短い答えを例示しています。また「調べてみよう」という探究のための例題もいくつか示しています。これらをきっかけにして、もっと違う視点からの問いかけに発展させ、より深い探究の学びにつながることを期待しています。

## 本書に登場する主な略称

| 略称 | 英語表記 | 日本語訳 |
| --- | --- | --- |
| COP | Conference of the Parties | 条約における締約国会議 |
| DAC | Development Assistance Committee | 開発援助委員会 |
| DX | Digital Transformation | デジタル変革 |
| EV | Electric Vehicle | 電気自動車 |
| FAO | Food and Agriculture Organization of the United Nations | 国連食糧農業機関 |
| GDP | Gross Domestic Product | 国内総生産 |
| GNI | Gross National Income | 国民総所得 |
| IDPs | Internally Displaced Persons | 国内避難民 |
| IPBES | Intergovernmental science-policy Platform on Biodiversity and Ecosystem Services | 生物多様性及び生態系サービスに関する政府間科学政策プラットフォーム |
| IPCC | Intergovernmental Panel on Climate Change | 気候変動に関する政府間パネル |
| JBIC | Japan Bank for International Cooperation | 国際協力銀行 |
| JICA | Japan International Cooperation Agency | 国際協力機構 |
| LDCs | Least Developed Countries | 後発開発途上国 |
| MDGs | Millennium Development Goals | ミレニアム開発目標 |
| NAFTA | North American Free Trade Agreement | 北米自由貿易協定 |
| NbS | Nature-based Solutions | 自然を基盤とした解決策 |
| NETs | Negative Emissions Technologies | ネガティブエミッション技術 |
| NGO | Non-governmental Organization | 非政府組織 |
| ODA | Official Development Assistance | 政府開発援助 |
| OECD | Organisation for Economic Cooperation and Development | 経済協力開発機構 |
| PES | Payments for Ecosystem Services | 生態系サービスへの支払い |
| PKO | Peacekeeping Operations | 国連平和維持活動 |
| SDGs | Sustainable Development Goals | 持続可能な開発目標 |
| SNAP | Supplemental Nutrition Assistance Program | 補助的栄養支援プログラム |
| UNDP | United Nations Development Programme | 国連開発計画 |
| UNEP | United Nations Environment Programme | 国連環境計画 |
| UNHCR | The Office of the United Nations High Commissioner for Refugees | 国連難民高等弁務官事務所 |
| WFP | United Nations World Food Programme | 国連世界食糧計画 |
| WHO | World Health Organization | 世界保健機関 |
| WMO | World Meteorological Organization | 世界気象機関 |
| WTO | World Trade Organization | 世界貿易機関 |

# 気候が変調をきたしている

## 地球が温暖化すると何が困るの？

執筆：江守正多

❶東アフリカの干ばつで、食料援助を求めて移ってきた人たちの村（1997年、ケニア北東州のガリッサ市）提供：朝日新聞社

　地球の温暖化が進むと、夏がこれまでより暑くなりますし、大雨も増えます。しかし、暑くなってもエアコンの効いた部屋にいれば大丈夫だし、大雨も自分の住んでいるところを直撃しなければ大丈夫、と思っている人もいるのではないでしょうか。

　でも、よく考えてみましょう。温暖化は世界中で起きており、このままでは将来に向けてさらに進行します。他の国で熱波、水害、干ばつ（❶）などの深刻な被害が出ると、その影響が国際関係を通じて日本にも波及してくるかもしれません。また、将来、温暖化がさらに進めば、あなたに災害が直撃する確率も上がっていきますし、あなたやあなたの子どもの世代に深刻な危機をもたらすかもしれません。

# 地球温暖化で進む人類の危機的状況

　地球温暖化による主な悪影響としては、熱波、大雨、干ばつ、森林火災といった異常気象の頻度や強度の増加、海面上昇、これらの結果としての健康、水供給、食料生産への悪影響や生態系への悪影響があげられます。これらの影響はすでに世界中で起き始めていて、温暖化が進むとさらに深刻化します。特に、気温上昇がある閾値(14ページ参照)を超えると、南極の氷床が不安定化して海面上昇が加速したり、アマゾンの熱帯雨林の枯死が止まらなくなるといった、急激で不可逆な「ティッピング現象」が起きるおそれがあります。

　食料に注目すると、日本でも農業や漁業への悪影響が出始めていますが、世界的に見ると、最も深刻な被害が出るのは中東やアフリカなどの乾燥地域の発展途上国の人々です。そういった地域では、温暖化が進むと干ばつが増えて、深刻な食料危機、水危機に見舞われると考えられます。しかも、それらの貧しい国の人々は、われわれ先進国や新興国の人々と比べて、温暖化の原因となる温室効果ガスをほとんど出していません。それにもかかわらず彼らが深刻な被害にあうのは、とても不公平で理不尽なことです。このような不公平な状態を是正すべきという考え方を「気候正義」といいます。

　また、日本に住んでいるわれわれも、輸入食料価格の高騰などの形で影響を受けるかもしれません。さらに、発展途上国の食料危機が紛争や難民の増加につながると、国際社会の不安定化を通じて、日本にも悪影響がおよぶおそれがあります。

　一方で、農業は温室効果ガスの発生源として、温暖化の原因をつくる側でもあります。家畜の「げっぷ」や水田から発生するメタン、窒素肥料を使うことにより発生する亜酸化窒素は、どちらも強い温室効果ガスです。また、農地の拡大のための森林破壊、農業機械の運転や食品の輸送・加工などにおけるエネルギー利用により、二酸化炭素も大量に排出されています。温室効果ガスの排出全体のうちで「食」に関係する部分は約3分の1におよぶと考えられています。

## 調べてみよう

☐ ティッピング現象には、他にはどんなものがあるだろうか。

☐ 温室効果ガスの排出は、人間のどんな活動により生じていて、
　国ごとにどんな違いがあるだろうか。

地球の気候変動

生物多様性と農業

感染症

飢餓と肥満

都市化と食・農

紛争と難民

平和と食・農

未来への提言

気候変動とその影響

　人間活動による温室効果ガスの大気への排出により、地球の気温が長期的に上昇する地球温暖化が進んでいる。気温が上がるだけでなく、雨の降り方の変化や氷の減少、海面の上昇など気候にさまざまな変化が起きており、これらを含めて気候変動とよばれる。世界平均気温は産業革命前を基準としてすでに約1.1℃上昇している。これを1.5℃までに抑えるよう努力することが、国連気候変動枠組条約のパリ協定が目指している目標である。

　熱波や大雨などのいわゆる「異常気象」は、大気と海洋が不規則に変動することにより、昔から確率的に生じる現象だ。しかし、平均気温の上昇が重なることにより記録的な高温が起きやすくなり、気温が上がれば大気中の水蒸気が増えるために記録的な大雨が起きやすく、台風も強く発達しやすくなる。高温により土壌からの蒸発が増えて干ばつが起きやすくなり、高温と乾燥により森林火災も深刻化する。このように、近年世界中で頻発する記録的な気象災害は、地球温暖化の影響を受けたものと理解することができる。

　世界平均気温が上がれば上がるほど、これらの異常気象の威力は強まる。それに加えて、気温上昇がある閾値（ティッピングポイント）を超えると、後戻りできない大規模で急激な変化、「ティッピング現象」が生じることが心配されている。その例が、南極の氷床の不安定化による海面上昇の加速や、アマゾンの熱帯雨林の枯死である。これらの現象が生じる温度上昇の閾値は正確にわかっていないが、気温上昇が進むほど、閾値を超えてしまう可能性が高まることは間違いない。

　気候変動により最も深刻な悪影響を受けるのは、干ばつが増えて食料危機や水危機に直面する乾燥地域の貧しい農民や、海面上昇と高潮の影響で住むところを追われる沿岸地域や小さい島国の人々などだ。彼ら発展途上国に住む人たちは、気候変動の原因となる温室効果ガスを先進国に比べてほとんど排出していない。原因に最も責任がない人たちが最も深刻な被害にあうという不正義な構造を是正すべきという考え方は「気候正義」とよばれ、気候変動を止める必要性を理解するうえで重要である。

　時間方向に見れば、温暖化がこのまま進むならば将来世代ほど深刻な悪影響を受けることになるが、その原因をつくっているのは前の世代が出した温室効果ガスだ。子どもたちも大人たちも気候変動問題の当事者であるという認識をもって、この問題に向き合っていく必要があるだろう。

**もっと学ぶための参考文献・資料**

●ポール・ホーケン編著（江守正多 監訳・東出顕子 訳）『ドローダウン—— 地球温暖化を逆転させる100の方法』山と渓谷社、2020年
●ポール・ホーケン編著（江守正多 監訳・五頭美知 訳）『リジェネレーション—— 気候危機を今の世代で終わらせる』山と渓谷社、2022年
●デイビッド・ウォレス・ウェルズ（藤井留美 訳）『地球に住めなくなる日——「気候崩壊」の避けられない真実』NHK出版、2020年

## 解説2　気候変動と食料

　気候変動は、高温、干ばつ、水害、害虫や病気の増加といったさまざまな経路を通じて、農業に悪影響をおよぼす。これにより、農家は農産物の収穫量の低下や質の低下に直面したり、あるいはそれを回避するための適応策に追加的な費用を負担することになる。

　一方、大気中二酸化炭素濃度の増加は作物の成長を促進する効果もある。特に高緯度の寒冷な地域では、気温の上昇が農業に好影響を与える場合もある。そのような地域では、好影響を最大限に引き出すような適応策が求められる。ただし、豊かな国の多い高緯度地域で農業に好影響があっても、貧しい国の多い低緯度地域で高温や干ばつにより農業に深刻な悪影響があることの穴埋めにはならず、むしろ地域間の格差を拡大させていることに注意が必要である。

　世界全体で見た穀物生産量は、施肥や育種を含む農業技術の向上や農地の拡大などにより増加傾向が続いているが、気候変動による悪影響がこの増加傾向の一部を打ち消していると考えられる。一方で世界の穀物需要は、人口増加や食生活の変化（発展途上国が豊かになることによる肉食の増加など）によりこちらも増加傾向にあるので、生産量の増加は必ずしも十分ではない。気候変動による悪影響が食料需給をひっ迫させる要因になっていることを理解する必要がある。

　漁業においても、水温上昇による魚種の回遊経路の変化などにより悪影響が生じているし、養殖業も水温上昇に悩まされている。

　一方で、温暖化の原因をもたらしている温室効果ガス排出源としての「食システム」にも注目する必要がある。牛や羊などの反芻動物の畜産と水田は人間活動によるメタンの主要な発生源であるし、窒素肥料の利用は亜酸化窒素の主要な発生源である。メタンと亜酸化窒素は、同じ重さ当たりで二酸化炭素のそれぞれ20倍以上、200倍以上の強さの温室効果ガスだ。

　また、農地の拡大のための森林破壊は二酸化炭素の排出源になるとともに生物多様性の保全の面からも大きな問題がある。農業機械の運転や漁船の操業、食品の輸送・加工などにおいて化石燃料によるエネルギーを利用することでも、二酸化炭素が大量に排出されている。最後に、食品の調理や廃棄においても二酸化炭素などが排出される。

　以上を合計すると、食システムからの温室効果ガスの排出量は、人間活動による全排出量の約3分の1にもおよぶと見積もられている。農業、漁業のみならず、流通、消費を含めた食のあり方全体を見直して温室効果ガスの排出を削減することが、地球温暖化による食への悪影響を減じることにもつながることを理解する必要があるだろう。

地球の気候変動

生物多様性と農業

感染症

飢餓と肥満

都市化と食・農

紛争と難民

平和と食・農

未来への提言

# 環境変動に
# 農業はどう立ち向かうか

## 温暖化したら日本のお米はどうなる？

執筆：林 陽生

**❶米の収量分布の変化（林ほか、2001に加筆）**

20世紀末

21世紀末

800
750
700
650
600

(kg/10a)

注 21世紀末は栽培品種と施肥条件、水田面積が変化しないと仮定した場合の潜在的収量の分布

　世界三大穀物のトウモロコシ、小麦、米を栽培する地域の気候にはそれぞれ特徴があります。温暖で乾燥した気候に適したトウモロコシ、冬季に多雨になる地中海性気候に適した小麦、夏季に多雨になるモンスーンアジアの気候に適した米のように区別することができます。ですから、地球温暖化が進み気候が変わると、それぞれの生育には異なる反応が現れます。

　そのなかで、日本の米にはどんな影響が考えられるでしょうか。地球温暖化の影響として、現在の収量や食味（食べておいしいと感じる食感）に変化が現れます。では収量は増えるのでしょうか、お米はおいしくなるのでしょうか。あるいはその逆でしょうか。次のように考えてみることにしましょう。

潜在的収量、高温障害、お米の品質、食味

# 北海道以外の地域で負の影響が現れる

　地球温暖化影響予測に使用する気象要素は、気温、降水量、日射量の3要素です。ここで日本のお米の栽培について考えると、古来より用水路が整備されていて「干ばつに不作なし」といわれるように、よほどの少雨でない限り降水量変動の影響はありません。したがって、おもに気温と日射量の変化が生育に影響をおよぼします。

　はじめに、沖縄を除く日本列島全体を対象に近年（20世紀末）と2090年代（21世紀末）の気候条件で米の収量分布が変化する様子を❶に示します（※1）。カラーバーは米の収量（10a当たりのモミの重さ）を示し、暖色系は多く、寒色系は少ないことを示します。黒い部分は米を栽培していない地域です。❶の左図と右図を比較することで地球温暖化の影響がわかります。近年で最も収量が高いのは東北地方の日本海側です。理由は、生育を阻害する寒冷な北東気流が脊梁山脈で遮られ、日射条件に恵まれるためです。関東地方より西では収量が少ない地域が広がっています。

　次に今世紀末の状態を表す❶の右図をみると、全国的に減少するなかで北海道地方だけが収量が多くなることがわかります。特に関東地方や近畿地方の平野部では顕著に減少します。地球温暖化は全国でプラスにもマイナスにも収量変化をおよぼしますが、減収する地域が広範なため全国平均収量は約10％以上減収すると考えられています（※2）。こうした変化がなぜ起こるかについては解説1で説明します。

　さて、食味はどのように変化するか考えてみましょう。❷をみてください。高温条件で栽培された米粒のいろいろな部分が乳白色化する、白未熟粒の発生が知られています（※3）。品質予測の研究では、地球温暖化が進むにしたがい品質が低下すると同時に食味も低下することが示されています。

**❷水稲の白未熟粒（森田、2005）**

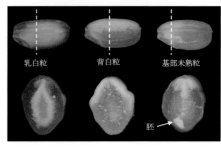

乳白粒　　　背白粒　　　基部未熟粒

胚

## 調べてみよう

☐ 野菜や果物の栽培にはどのような影響が考えられるか、調べてみよう。

☐ 最近、漁獲量が減っている魚について調べてみよう。

☐ 負の影響を少なくするために大切なことは何か、考えてみよう。

※1　林陽生ほか「温暖化が日本の水稲栽培の潜在的特性に及ぼすインパクト」『地球環境』6（2）、141-148、2001
※2　西岡秀三（監修）「この真実を知るために−地球温暖化（改訂版）」『ニュートン別冊』102、2010
※3　森田 敏「水稲の登熟期の高温によって発生する白未熟粒」『農業技術』60、2005

# なぜ収量が変化するのか

　植物は、太陽光の一部である光合成有効放射帯のエネルギーを利用して光合成を行ない、適度な気温と日射条件で生育が進む。水稲の生育には大きく分けて二つの特徴的なステージがあり、第1は積算温度が増すにしたがい茎や葉を大きくするステージ（栄養生長期：播種・田植えから出穂前まで）、第2に花粉を形成し受粉を行ない登熟するステージ（生殖生長期：出穂以降）である。地球温暖化を考える場合に重要なのは第2ステージで、盛夏期にあたる登熟期に一定以上の気温になると収量減と品質低下の兆候が現れる。地球温暖化は盛夏期の気温を押しあげるので、高温障害の危険度が増すことになる。

　こうした負の影響を避けるために、登熟期の異常高温を避ける栽培期間の設定が有効である。日本は、古くから水稲栽培の研究を行なっている。具体的な方法として、栽培暦を前倒しするか後ろへずらす対策が考えられる。ただし、田植え時期の水温が低すぎると冷害の危険があるため、栽培暦の前倒しには限度がある。また、気温が高いと短時間で生育ステージが進むので生育期間が短縮する。これからわかるように、栽培暦の移動の実践はその地域に固有の気候に左右される。地域ごとに、上述の複雑な関係のもとで最大収量を得るための田植え日が決まり、それに応じて収穫量を求めることができる。前者を最適田植え日、後者を潜在的収量と呼ぶ。16ページの❶の右側の21世紀末は、栽培品種と施肥条件、また水田面積が変化しないと仮定した場合の潜在的収量の分布である。

　ところで、地球温暖化を引き起こす素因は大気中二酸化炭素濃度の上昇であり、これも収量に影響をおよぼす。この点につき一つの研究結果（※4）を紹介する。二酸化炭素濃度が異なるチャンバー内で登熟期の気温を変えて2年間栽培試験を行ない、次のことが明らかになった。収穫量を、現在の二酸化炭素濃度条件と将来の二酸化炭素濃度まで高めた条件で比較すると、登熟期の気温が低い場合には二酸化炭素濃度を高めたほうが増収となるが、登熟期の気温が高い場合には減収となることがわかった。この結果は、❶の温暖化時の変化傾向をさらに増長することになる。雑草や害虫防除も含めた総合的な議論は、今後の研究に待たねばならない。

　これまでに農林水産省や県の研究機関は、地域に最適な栽培暦の設定を推奨したガイドラインをつくり本格的な指導を始めている。視点を変えると、最近北海道では、品質の良い米の栽培面積が増えており、これは地球温暖化の好ましい影響の一面といえる。

※4　金 漢龍ほか「高温・高 CO2 濃度環境が水稲の生育・収量に及ぼす影響—第2報　収量および収量構成要素について」
　　　『日本作物学会紀事』65、1996

**もっと学ぶための参考文献・資料**

●林陽生『地球温暖化で日本農業はどう変わる』家の光協会、2009 年
●吉野正敏『極端化する気候と生活』古今書院、2013 年

地球の気候変動

生物多様性と農業

感染症

飢餓と肥満

都市化と食・農

紛争と難民

平和と食・農

未来への提言

**解説 2**

# 見慣れた田植え風景の変貌

地球温暖化が水稲栽培におよぼす影響としてもう一つの重要な現象は、田植えの季節が変わることである。解説1で述べたように、温暖化が進んだ気候条件で収量を維持する場合、地域ごとに固有の最適田植え日への移行が起こる。この状況をまとめたのが❸である。ここで、縦軸は最適田植え日（単位：DOY）であり、1月1日を起日とする日数を表す。たとえば、DOY = 140 の場合は暦上で5月中～下旬を示す。横軸は 30 年ごとの年代を示す。

この図には次の特徴が現れている。20世紀末の気候（Base）では、全国的に5月中旬から6月中旬に田植えを行なっていた。各地域で、早春になると山地の積雪が融けて河川の水量が増し、平野部では田に灌漑水が行きわたり、水温がある程度高まって田植えの季節になった。ただし北海道地方では、気温と水温が高まる5月中旬頃に田植えを行なうのが一般的だった。21 世紀に入ると、北海道地方を除いて田植えが遅くなる傾向が現れ、

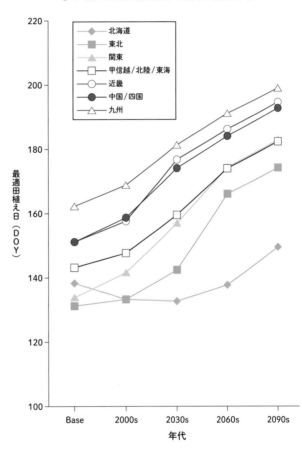

**❸水稲の最適田植え日の変化（林原図）**

凡例：
- 北海道
- 東北
- 関東
- 甲信越／北陸／東海
- 近畿
- 中国／四国
- 九州

縦軸：最適田植え日（DOY）
横軸：年代（Base, 2000s, 2030s, 2060s, 2090s）

年代とともに顕著になり 21 紀末（2090s）には6月下旬から7月下旬へ大幅に遅延することが予測される。北海道地方では 21 世紀中頃までは早まり、その後遅くなりはじめて 21 世紀末には5月下旬頃になると考えられる。

こうした状況は、早春の雪解けに続く水温む季節に代表的な農事暦の風景を変貌させることになり、われわれが古来より抱いていた季節感が大きく変貌することを意味している。さらに次の点も指摘しておこう。地球温暖化は気候システムを変化させるため、積雪分布や積雪量が変わる。また積雪があるとしても融解時期が早まることがあると、これにより水田水の確保ができなくなるだろう。雑草や害虫の生態も変化し、農作業に多くの負担がおよぶことになると考えられる。水稲栽培を取り巻く環境のみならず、あらゆる場面で現時点では想像できない事象が顕在化することが示唆される。

# 立ち上がるＺ世代

## 若者の問う「気候危機」はシングル・イシュー?

執筆：古賀 瑞

**❶気候変動問題をめぐるさまざまな社会問題（マルチ・イシュー）**

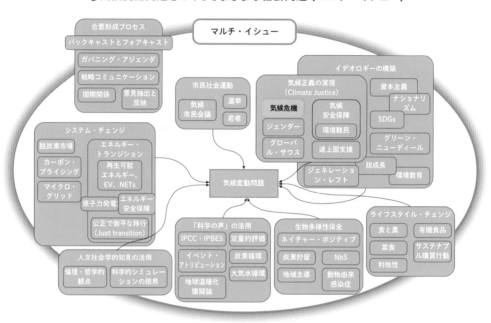

　近年、グレタ・トゥンベリの運動をきっかけに、社会問題、特に気候変動問題に関する若者の意見発信が社会で注目を集めています。彼ら未来世代は何を社会に問いかけているのでしょうか。温室効果ガス排出削減による「気候危機」の克服と気候正義の実現でしょうか。

　これらはたしかに彼らの描く理想の未来社会の一片ですが、それだけではあまりに単純化しすぎです。特筆すべきなのは、気候変動問題はシングル・イシューではなくマルチ・イシューであるということです。つまり、あらゆる社会問題が複合的にからみ合いながら現れているのです。この複合性にこそ、若者が、関連するあらゆる社会問題を自身の問題としてとらえ、当事者として自分たちでもできることからシステム・チェンジに参画していくための原動力があるのです。

公正かつ衡平な移行（Just Transition）、自然を基盤とした解決策（NbS）、
地域循環共生圏、ネイチャー・ポジティブ

# マルチ・イシューとしての気候変動問題

　❶が示すように、気候変動問題はさまざまな社会問題と密接にリンクしているマルチ・イシューです。カーボン・ニュートラルの達成に向けたエネルギー源の移行（エネルギー・トランジション）は再生可能エネルギーやEV、ネガティブエミッション技術（NETs）（※1）によって推進されますが、さまざまな課題をわれわれに投げかけます。また、現行の経済成長を本質的な特徴とするグローバル資本主義下の市場経済システムにおいて実装される解決策は、地球環境問題を根本的に克服できるのかという、われわれが当たり前に思っている社会システムや価値観へも疑問を投げかけます。

　一方、近年議論が活発化している地域主導による自然資本を活用した気候変動対策（緩和・適応）は、地域特有の価値を問い直し自然の価値と保全の重要性の再認識へとつながり、グリーンでネイチャー・ポジティブ（※2）な新たな人類の価値観を創出します。身近な地域や食・農といった消費活動などのライフスタイルと気候変動問題が直結することで自身やその周囲のコミュニティにおける「自分事化」を促進します。

　さらに、気候変動問題は合意形成プロセスのあるべき姿も問い直します。さまざまなバックグラウンドをもつステークホルダーが互いに親和性と疎外性を内包するおのおののイデオロギーをもとに気候変動対策を講じる過程で、地球規模の気候変動問題解決への足並みをそろえるためにはさまざまなスケールの合意形成が欠かせません。合意形成における戦略コミュニケーションやガバニング・アジェンダ（※3）の形成、市民の意見抽出と反映のプロセスはさまざまな課題を抱えており、特に気候市民会議に代表される市民や若者なども含むボトム全体の意思決定への参画の実現に向けたシステム・チェンジに関する議論が近年活発化しています。

　このように気候変動問題への挑戦は、複合的社会問題への挑戦です。若者も含めたそれぞれの主体が問題を自分事化することで、システム・チェンジへと貢献することができます。（※4）

## 調べてみよう

- [ ] 自分の興味は環境問題とどんなふうに関わっているのか調べてみよう。
- [ ] 国連気候変動枠組条約はどうやってできたのだろう。
- [ ] 同世代たちは気候変動問題についてどう思っているのだろう。

※1　ネガティブエミッション技術：温室効果ガスの多くを占めるCO$_2$を大気中から除去する技術。
※2　ネイチャー・ポジティブ：Nature Positive 生物多様性や自然の損失を食い止め、回復させ、豊かにすることを優先して企業活動などを進めていくこと。
※3　ガバニング・アジェンダ：公共的な政策決定の指針となる課題のこと。
※4　青年環境NGO　Climate Youth Japan のWebサイトが参考になる。　https://climateyouthjp.org/

地球の気候変動

生物多様性と農業

感染症

飢餓と肥満

都市化と食・農

紛争と難民

平和と食・農

未来への提言

## 気候変動問題と未来世代の価値観
—— 正義を満たすカーボン・ニュートラル

　近年、世界中で若者世代のムーブメントが注目を集めている。なかでもスウェーデンのグレタ・トゥンベリが 2018 年に始めた Fridays For Future は温暖化問題の重要性の発信と政府への抗議を中心に世界的な運動に発展している。また、「ジェネレーション・レフト」と呼ばれる資本主義に疑念を抱き左派ポピュリズム的政治イデオロギーをもった若者たちの社会運動は大きなパラダイムシフトを予期させる。気候変動問題の文脈において、彼ら若者の叫びの軸となるイデオロギーは気候正義（Climate Justice）である。それは、「気候危機」のもたらす不平等な損失と被害の責任の所在とその公正かつ衡平な解決策を社会に問いかける。そしてこの平等と分配を重んじる若者世代の問題意識は、気候変動問題に限らず人権問題などのあらゆる社会問題においても顕れている。この点で未来世代のニューコモン（新たな共通の価値観）が加速度的に形成されているように感じさせる。

　「気候危機」を回避するための 1 つの重要な目標であるカーボン・ニュートラルを正義の観点から見ることはわれわれに重要な疑問を投げかける。カーボン・ニュートラルの鍵となる再生可能エネルギー、EV、NETs などの脱炭素市場の形成や、炭素排出に価格を付けることで $CO_2$ 排出削減の経済的インセンティブを生むカーボン・プライシング（炭素価格付け）の導入が世界の脱炭素の取り組みを急速に推し進めていることは間違いない。一方で、そのような既存の市場経済システムによってもたらされる急速な社会変革が、既存のシステムによって構築されてきた現代社会のもつ課題を十分に克服できるのかという問いを立てることは非常に大切である。このエネルギー正義の観点は急速に進むエネルギー・トランジションを客観的、時には批判的にとらえ、さまざまな社会問題との複合的な関係性を鑑みながら理想の未来社会へのロードマップを描くうえで以下のような重要な視点をわれわれに与えてくれる。

---

① EV、特にリチウムイオン電池の製造に必要なレアメタルなどのさまざまな自然資源のグローバル・サプライチェーンにおける収奪という負荷の外部転嫁は解決できるのか。

② 再生可能エネルギーの普及による自然生態系の破壊や災害へのレジリエンスの低下などのトレードオフを超克できるのか。

③ カーボン・プライシングなどの $CO_2$ 排出削減の経済的インセンティブは見せかけの対策（グリーン・ウォッシュ）を淘汰し、真に炭素排出量の削減に貢献しうるのか。

④ 電力安定供給を維持しつつエネルギー転換に伴う雇用の転換を公正かつ衡平に行なう Just Transition は実現しうるのか。

⑤ 原子力発電所の再稼働の是非。

---

**もっと学ぶための参考文献・資料**

● 明日香壽川『グリーン・ニューディール —— 世界を動かすガバニング・アジェンダ』岩波新書、2021 年
● 斎藤幸平『人新世の「資本論」』集英社新書、2020 年

地球の気候変動

生物多様性と農業

感染症

飢餓と肥満

都市化と食・農

紛争と難民

平和と食・農

未来への提言

**解説 2**

# 地球環境問題を解決に導くイデオロギー
## —— 自然からの学びとその活用

　大型財政出動や公共投資によって脱炭素技術の導入を促進することで、景気回復および雇用拡大と地球温暖化防止を両立させ、持続可能な経済成長という「デカップリング」を実現するグリーン・ニューディール政策が世界で支持を集めている。一方で日本国内において、グローバル資本主義による脱炭素の可能性を懐疑的にとらえ、資本主義そのものを否定し「ラディカルな潤沢さ」を実現する共有財〈コモン〉を活用した「脱成長コミュニズム」に賛同する声も根強い。

　両イデオロギーはその社会像と実現性において対立する。グリーン・ニューディールは、資本主義下の市場経済システムにおけるコモディティ化や雇用拡大、経済成長によって合意形成を容易にし、システム・チェンジの実現性を十分に高めて、気候変動問題に挑む政策である。一方、「脱成長コミュニズム」は資本主義の無限拡張運動の臨界点を憂い、またその特性上、膨大な無駄を生み排出量削減の足かせとなると予測し、ライフスタイルそのものを変革することを重んじる社会思想である。無論、数世紀にわたり世界経済を形成してきた資本主義からの脱却の合意形成および実現を図ることは容易ではなく、気候変動問題という喫緊のイシューの解決につながりうるのかという点には疑問が残る。しかしポスト SDGs や 2100 年を見据えた、人間の欲望を制御し持続可能な社会を実現するニューノーム（新たな規範）のあるべき姿は 21 世紀において不可欠の論点であることは間違いない。

　ニューノームの形成において重要となるのが自然資本とそれがもたらす生態系サービスの価値の認識である。気候変動問題の文脈では、気候変動緩和策における森林の炭素貯留機能や適応策における自然を基盤とした解決策（NbS）などを例に語られる自然資本の活用だが、その資本は、気候変動問題と同様に、危機的状況下にある。いわゆる「生物多様性」の損失である。

　自然資本からの気候変動問題解決へのアプローチはわれわれに 2 つの重要な視点を与える。1 つ目は地域主導の解決プロセスを踏むことで地域の価値を再認識することにつながるという点である。2 つ目は自然資本のもたらす便益への理解を共有することで、より環境問題の自分事化が可能となる点である。人類は自然を構成する動物種の 1 つに過ぎないという感性はライフスタイル・チェンジを触発し、おのおのが自身の生き方を見つめ直すきっかけとなる。

❷青年環境 NGO　Climate Youth Japan 代表として COP26 に参加した筆者（左端）

# 科学者は地球温暖化をどう解き明かしてきたのか――IPCCを中心に

執筆：上園昌武

## ◎最新の科学的知見を集約する IPCC

　世界の平均気温は産業革命前よりも 1.09℃上昇し、対策が進展しなければ 2100年頃に 3.3 ～ 5.7℃上昇すると推測されています。地球温暖化の主因は、石油や石炭などの化石燃料の消費によって発生する二酸化炭素（$CO_2$）排出量が増えたことだと考えられています。2021 年にノーベル物理学賞を受賞した眞鍋淑郎博士は、1967 年に物理法則に基づいた「気候モデル」を開発し、「大気中の $CO_2$ 濃度が 2倍になると、地球の温度が約 2℃上がる」という関係を実証しました。世界の多くの研究機関は、この研究をもとにして大気大循環モデルや大気海洋結合モデルを開発し、将来の気温上昇や気候を予測することが可能となりました。

　1985 年に世界気象機関（WMO）は、オーストリア・フィラッハ会議で、「21世紀半ばには人類が経験したことがない規模で気温が上昇する」と見解を発表しました。米国では異常高温や干ばつが続き、穀倉地帯での農作物の不作が発生しました。1988 年 6 月に米国上院エネルギー委員会の公聴会において、J. ハンセン博士が「最近の異常気象、とりわけ暑い気象が地球温暖化と関係していることは 99%の確率で正しい」と証言したことで、地球温暖化問題が重要な政治課題として認識されることになりました。

　同年 8 月に WMO と国連環境計画（UNEP）が共同で「気候変動に関する政府間パネル（IPCC）」を設立して地球温暖化に関する研究評価が取り組まれることになりました。1990 年に最初の研究成果となった IPCC 第 1 次評価報告書では、21世紀末までに地球の平均気温が約 3℃上昇し、海面が約 65cm 上昇すると報告されました。国際社会では、地球温暖化の悪影響が衝撃をもって受け止められ、1992年の気候変動枠組条約の採択へとつながりました。

　IPCC は 3 つの作業部会を設置し、これまでに第 1 ～ 6 次の評価報告書を公表しています（❶）。第 1 作業部会は将来の気候変動の将来予測などの自然科学的根拠、

第2作業部会は地球温暖化による影響・適応・脆弱性、第3作業部会はCO₂排出削減などの緩和策を検討しています。作業部会では、世界から集められた科学者や専門家が膨大な研究論文を厳格に査読・評価しており、地球温暖化に関する最新の科学的知見がとりまとめられています。

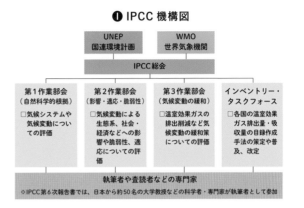

**❶ IPCC 機構図**

| UNEP 国連環境計画 | | WMO 世界気象機関 | |
|---|---|---|---|
| IPCC総会 | | | |
| **第1作業部会**（自然科学的根拠）□気候システムや気候変動についての評価 | **第2作業部会**（影響・適応・脆弱性）□気候変動による生態系、社会・経済などへの影響や脆弱性、適応についての評価 | **第3作業部会**（気候変動の緩和）□温室効果ガスの排出削減など気候変動の緩和策についての評価 | **インベントリー・タスクフォース**□各国の温室効果ガス排出量・吸収量の目録作成手法の策定や普及、改定 |
| 執筆者や査読者などの専門家 | | | |

※IPCC第6次報告書では、日本から約50名の大学教授などの科学者・専門家が執筆者として参加

## ◎気温上昇抑制のために求められること

地球温暖化のメカニズムには解明されていない細部も残されていますが、科学の急速な進展によって相当精緻な分析と検証が行なわれてきました。最新の第6次評価報告書（2021・2022年）は、気候システムにおける人間の影響について、「広範囲にわたる急速な変化が、大気、海洋、雪氷圏および生物圏に起きている」と指摘し、「人間の影響が大気、海洋および陸域を温暖化させてきたことには疑う余地がない」とほぼ断定しました。また、このままCO₂排出量が増えていけば、極端現象（異常高温、豪雨、干ばつ、海面上昇など）の頻度と強度が増加して人間社会に甚大な被害をおよぼしていくとも予測されています。

国際交渉では、地球温暖化の悪影響を回避するために、産業革命前と比べて1.5℃の気温上昇に抑制することが政治目標となっています。すでに1.09℃上昇しているため、0.41℃の上昇にとどめなければなりません。CO₂排出量の増加と気温上昇との関係に着目したカーボンバジェット（炭素排出の許容量）によると、現時点の世界のCO₂排出量が維持された場合、今後10年程度で1.5℃上昇を超過すると試算されています。そのため、パリ協定の採択時（2015年）よりも排出削減対策を急ぎ、各国は2030年までに脱炭素社会の実現に目処を立てる必要があります。

宮澤賢治の「グスコーブドリの伝記」（1932年）では、カルボナード火山を人工的に爆発させることで炭酸ガスを大量に発生させて、大気中の温室効果によって冷害を止める話が描かれています。現代の気候変動問題では、宮澤の童話とは逆に、いかにCO₂を含む温室効果ガスを実質排出ゼロにしていくのかを実現しなければなりません。カーボンバジェットは残りわずかです。科学と政治の力を活かし、持続可能な環境・社会・経済（SDGs）に変革していく人類の叡智が問われているのです。

地球の気候変動

生物多様性と農業

感染症

飢餓と肥満

都市化と食・農

紛争と難民

平和と食・農

未来への提言

# 地球温暖化と世界の取り組み

執筆：浅岡美恵

## ◎科学に基づく国際枠組の構築

　地球温暖化・気候変動に対する科学的な基盤は1988年に世界気象機関と国連環境計画によって「気候変動に関する政府間パネル（IPCC）」が設立されたことに始まります。その第1次評価報告書（1990）をもとに、1992年に気候変動枠組条約が採択されました。条約は「気候系に対して危険な人為的干渉をおよぼすこととならない水準において大気中の温室効果ガスの濃度を安定化させること」を究極の目的（第2条）としています。そのための排出削減については、「共通だが差異ある責任」などの原則を掲げるものの、具体的な各国の$CO_2$などの削減目標や目標達成のための仕組みなどはその後の交渉にゆだねられました。

　条約の第1回締約国会議（COP1・1995年）で、まず、先進国の法的拘束力のある数値化された排出削減目標を含む議定書をCOP3で採択することを確認し（ベルリンマンデート）、次に1997年のCOP3で、2008年から2012年の第1約束期間に先進国全体で1990年比5.2％（EU8％、米国7％、日本6％/1990年比）削減を定めた京都議定書が採択されました。しかし、トップダウンでの各国の削減目標の交渉は難航し、森林吸収分のカウント方式や京都メカニズムと呼ばれる排出量取引などの制度設計はその後の交渉にゆだねられました。さらに、当時の最大排出国であった米国ブッシュ政権は2001年3月に京都議定書から離脱してしまいました。それでも、2001年11月に詳細運用ルールが採択され（マラケシュ合意）、EU、日本、カナダ、ロシアなどの批准によって、2005年2月にようやく、京都議定書が発効しました。

　ところが、その頃には中国などの排出量の増加も顕著となっており、その後の交渉は米国や主要途上国を含む2013年以降の国際枠組みづくりが焦点となりました。COP15（2009年）では新たな国際枠組み合意が期待されていたのですが、合意に至らず、翌COP16で2℃の気温上昇に抑えるとの温度目標が確認されました（カンクン合意）。

　IPCC第5次評価報告書第1作業部会報告（2013年）で、産業革命以降の人為的な

CO₂の累積総排出量と地球の平均気温の上昇がほぼ比例関係にあることが明らかにされ、一定の水準で地球温暖化を止めるには、今後排出できる$CO_2$量に上限があること、2℃の温度上昇に止めるには当時の排出量で28年分程度しか残されていないことが示されました。SDGsの採択（2015年9月）も踏まえ、2015年12月のCOP21で、気温上昇を2℃を十分下回り、1.5℃に抑える努力も追求することを目的とするパリ協定が採択されたのです。パリ協定採択の背景には、再生可能エネルギーコストの急激な低下があります。というのは、2000年代に再生可能エネルギーの固定価格買取制度(FIT制度)がEU等で広く普及し、風力や太陽光発電の導入が進んでいたところに、2011年の福島原発事故が爆発的な再エネ拡大をもたらし、さらにコスト低減をもたらしたのです。また、EUや米国東部・西部の州で排出量取引制度が実施され、先進国に炭素税が導入されるなど経済的仕組みも広がりました。市民社会・NGOや先駆的なビジネスや自治体の広がりも、パリ協定の採択、早期発効を促しました。

## ◎パリ協定・グラスゴー気候合意と1.5℃目標への道

パリ協定には、各国が削減目標を定めて実施し、2023年から5年ごとに世界全体の目標を検証し（Global Stocktake）、各国に目標引き上げを求めていく仕組み（Ratchet-up Mechanism）などが盛り込まれています。IPCC1.5℃特別報告書（2018年10月）は、1.5℃上昇の場合でもその影響は深刻であり、1.5℃に抑えるためには2030年には2010年比45％削減、2050年には排出を実質ゼロとする必要があるとしています。IPCC第6次評価報告書第1作業部会（2021年8月）によれば、67％の確率で1.5℃に抑えるための残余のカーボンバジェットは4000億tしかありません（2020年の世界の$CO_2$排出量は約450億t）。世界で異常気象が頻発し、気候危機が実感されるなか、2021年11月のCOP26で、国際社会は1.5℃を目指すことを決意し、まず石炭火力の削減を加速することを盛り込んだグラスゴー気候合意が採択されました（❶）。化石燃料から再生可能エネルギーへの転換を加速させる国内制度の拡充が急がれています。また、近年、金融機関の投融資先への働きかけが強化されています。再エネへの投資を拡大するだけでなく、排出実質ゼロへの移行を促し、さらには投資を引き上げる動き（Divestment）もみられます。

❶ 合意文書の採択を受け、拍手を受ける英国のシャルマ議長（左から2番目）　2021年11月13日、英国・グラスゴー　提供：朝日新聞社

地球の気候変動
生物多様性と農業
感染症
飢餓と肥満
都市化と食・農
紛争と難民
平和と食・農
未来への提言

# 「生物多様性」と「生物文化多様性」

## 生物多様性とはなんだろう？

執筆：鷲谷いづみ

❶生物多様性からヒトが受ける恵み＝生態系サービス

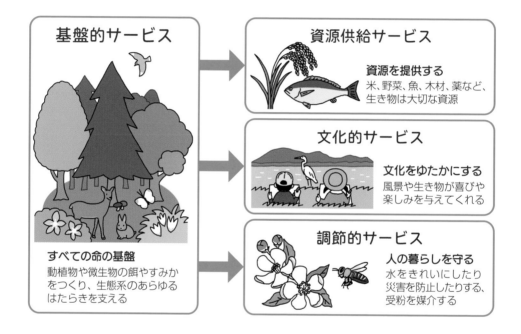

基盤的サービス

すべての命の基盤
動植物や微生物の餌やすみか
をつくり、生態系のあらゆる
はたらきを支える

資源供給サービス

資源を提供する
米、野菜、魚、木材、薬など、
生き物は大切な資源

文化的サービス

文化をゆたかにする
風景や生き物が喜びや
楽しみを与えてくれる

調節的サービス

人の暮らしを守る
水をきれいにしたり
災害を防止したりする、
受粉を媒介する

　国連の「生物多様性条約」では、「生物学的多様性 biological diversity（＝生物多様性）」を生命にみられるあらゆる多様性と定義し、種内の多様性（遺伝的多様性）、種の多様性、生態系の多様性を含むとしています。生物多様性は、40億年にも及ぶ地球の生命史を通じて築かれたかけがえのないものです。

　「生物多様性」という言葉は、多くの生物種の絶滅が強く懸念されるようになった1980年代に、その状況を社会に広く問題を提起するためにつくられた英語の新造語 biodiversity の和訳です。自然のはたらきに注目し、それをシステム（要素と関係の集合）として認識するには「生態系」、構成する多様な生物種に注目する場合には「生物多様性」、それによって提供される恵みは「生態系サービス」という言葉で表します（❶）。

# 生態系サービスと生物文化を支えるものは

　地球上のあらゆる生物は、40億年ほど前に存在した1つの原始的な単細胞生物を共通祖先としています。生物は場所と時間に応じて変動する環境に適応進化し、多様化しました。多様化を促すうえで特に重要なのは、異種・同種の生物がつくる生物環境への適応で、生物間の相互作用によってもたらされます。それは、資源をめぐって争う「競争」、「食べる－食べられる」の関係、「寄生」のほか、栄養をとるため、あるいは繁殖のために他の生物の助けを借りる「共生」など、多様で複雑な生物間の関係です。雑食性の哺乳動物である私たちヒト *Homo sapiens* は、餌とする多様な生物種、病気を起こす寄生者、危害を加える可能性のある捕食動物、消化管内に生育して健康を維持するうえで重要な役割を果たす微生物群など、多様な生物との関係に応じて進化しました。ヒトはその起源においても、日々の暮らしにおいても生物多様性に深く根ざしており、利用する生態系サービス（43ページ参照）は多岐にわたります。

　コミュニケーションを通じて複雑な社会的な関係を築くようになったヒトにとっては、生物としての適応進化を超えて、技術、芸術、宗教、科学などの「文化的適応」が重要です。それらは根底で生物多様性が深く関わっています。地域における伝統的な生物文化としては、北アメリカのファーストネーションなどにみられるトーテムポールや多様な動植物や自然の事物をかたどった日本の家紋などを例にあげることができます。

　現在の地球で進行する怒濤のような絶滅と侵略的外来種の蔓延は、生物多様性を失わせ、生態系を不健全化しています。種の絶滅と侵略的外来種の蔓延を防ぐことは、暮らしを支える生態系サービスのみならず、生物文化を継承するうえでも重要です。

## 調べてみよう

☐ 生物多様性条約の第15回締約国会議で採択された
目標（ターゲット）をインターネットの情報を参考にして調べてみよう。
そのなかであなたが特に重要であると思うものはどれだろうか。
3つあげてみよう。

☐ 日本における外来種対策に関する法律によって
対策の対象とされている種のリストをみてみよう。
そのなかから3種をピックアップし、
どのような影響が懸念されているのか調べてみよう。

地球の気候変動

生物多様性と農業

感染症

飢餓と肥満

都市化と食・農

紛争と難民

平和と食・農

未来への提言

## 生命史がつくった生物多様性とヒトの文化的適応

　DNA による系統の分析から、地球上のあらゆる生物の先祖は、40 億年ほど前に存在した原始的な単細胞生物であることが明らかにされている。現在みることができるその多様性には 40 億年にもおよぶ生命史が反映されている。生物はそのときどきの環境に適応進化することで多様化したが、その多様化を促すうえで特に重要だったのは、異種・同種の生物がつくる生物環境への適応である。すなわち、さまざまな生物間の関係（生物間相互作用）、資源をめぐって争う「競争」、「食べる－食べられる」の関係、「寄生」のほか、栄養など、生きるための資源を得るため、あるいは繁殖のために他の生物を必要とする「共生」などが多様化をもたらすうえで重要な役割を果たしたと考えられている。

　個体が世代を超えて生きる術などを伝達する文化的な適応による進化は他の動物にもみられる。たとえば、ニホンザルの群れのなかで、共通の文化的な行動がみられる。宮崎県幸島のニホンザルたちは、餌としてまかれたサツマイモを海水につけて洗い、塩味をつけて食べることが知られている。それは世代を超えて受け継がれている行動である。ヒトは、言語・絵画・造形など、多様な世代内・世代間のコミュニケーションを発達させた。それにより時代とともに複雑な社会を築くようになったヒトは、生物としての適応進化を大きく超えた技術、芸術、宗教、科学などの文化的適応においてめざましいものがある。

## 現代の生物多様性の危機と生物文化多様性への影響

　現代は、人間活動がもたらす絶滅の時代である。2010 年の生物多様性第 10 回締約国会議を機に発足した生物多様性と生態系サービスに関する政府間プラットフォーム（IPBES）の地球規模アセスメント（IPBES 2019）は、「世界の種の絶滅速度は、過去 1000 万年間の平均の少なくとも数十倍から数百倍であり、加速している」と評価している。地球環境の急激な悪化は、1 万年ほど前に始まり農業の発展を可能にした安定した気候に特徴づけられる地質時代「完新世」にふさわしくない。人間活動が地球環境を支配する地質時代として「人新世（Anthropocene）」という名称が提案された。絶滅リスクや生物種の組成（リストなど）によって把握できる生物多様性の様態は、人間活動がもたらす地球環境改変の総合指標であり、それは環境面からみた「持続可能性」の指標でもある。

　人新世がもたらされた主要な原因は、ヨーロッパ列強が植民地のプランテーションにおいて宗主国で消費される作物を生産したことに始まる、大規模な単作・多投入の農業・林業である。そのような農業文化は、多くの地域において、地域の生物多様性とそれに支えられた伝統的な農業文化を損なうこととなった。大規模単作・多投入を旨とする農業は環境と地域に根づく文化を大きく損なう人間活

もっと学ぶための参考文献・資料

●鷲谷いづみ『さとやま——生物多様性と生態系模様』岩波ジュニア新書、2011 年
●鷲谷いづみ『<生物多様性>入門』岩波ブックレット、2010 年
●鷲谷いづみ『実践で学ぶ<生物多様性>』岩波ブックレット、2020 年

地球の気候変動

生物多様性と農業

感染症

飢餓と肥満

都市化と食・農

紛争と難民

平和と食・農

未来への提言

動の代表であるといえる。

　地域で生物多様性を守るには、ほかではみられない、その地域らしい生物（固有種）を絶滅させないようにすることが重要である。東アジアのコウノトリは、絶滅が危惧される希少な鳥類である。日本では 1980 年代に姿を消したが、2000 年代になると兵庫県豊岡市などで、飼育した鳥を放鳥することによる野生復帰の取組が行なわれ、各地で繁殖が成功して今では 300 羽を超えるコウノトリが野生で生息するようになった（❷）。その飛来地は日本全国だけでなく朝鮮半島にまで広がっている。

　順調な野生復帰を支えているのは、豊岡市での「コウノトリ育む」農法など、環境保全に配慮した農業と河川や湿地などの生息環境の整備である。コウノトリが餌を採ることができる農地で生産された農産物はブランド化され、生産者にも経済的な恩恵をもたらしている。

　各地で市民がコウノトリを見守る「コウノトリ市民科学 (https://stork.diasjp.net)」のデータによれば、野生のコウノトリは水田で餌を採ることが多いが、冬季には 100 羽を超える多くの若いコウノトリが兵庫県播磨地方に集まり、管理のために水が抜かれたため池でフナなどの魚を餌にする。コウノトリを絶滅させないためには水田とため池などの農業生態系の環境保全が特に重要であることを野生のコウノトリたちが教えてくれる。種を絶滅させないためには、この例のように絶滅の恐れの高い生物種（レッドリストに掲載されている種）に特に目を向けて保護する必要がある一方で、問題を起こしている侵略的外来種を排除・根絶することが求められる。安易に外来種を導入しないようにすることも重要である。農業分野で使われる外来牧草や緑肥植物（ナヨクサフジなど）が使用場所から逸出して河川域などの自然を大きく損なっている。

　絶滅や外来種の蔓延は、生物多様性にもとづく伝統的文化の衰退という問題ももたらす。これらの生物多様性の危機に伴い、それらの象徴性や価値を人々が理解できなくなる。日本の家紋には動植物をデザインしたものが多い。水田に関係のある植物としてはデンジソウやオモダカがある。現在では、それらの植物を見たこともない人が増えていると思われる。かつて普通に見られたデンジソウは、今では絶滅危惧種（環境省レッドリスト絶滅危惧II類）である。5 大家紋の一つが片喰紋であるが、カタバミは町の中などで見かけることはできるが、農耕地雑草としては、外来種のオッタチカタバミが蔓延している。

　生物多様性の危機は古来伝えられてきた伝統的な生物文化多様性の危機ももたらすのである。

❷水田で餌を採る若いコウノトリたち　撮影：井上 遠

# 外来生物は悪者なのでしょうか？

執筆：北川忠生

**❶フロリダの肉食性水生生物の生態ピラミッド**

| 最上位 |
| --- |
| アメリカアリゲーター ⓐ |

| 大型種 |
| --- |
| フロリダガー（ガーの仲間）<br>ボウフィン（アミア）<br>フロリダバス（ブラックバスの仲間）ⓑ<br>チャネルキャットフィッシュ（ナマズの仲間）<br>ブラウンブルヘッド（ナマズの仲間）<br>チェーンピッケレル（カワカマスの仲間） |

| 中型種 |
| --- |
| ブラッククラッピー（サンフィッシュの仲間）<br>ウォーマウス（サンフィッシュの仲間）ⓒ |

| 小型種 |
| --- |
| ブルーギル ⓓ<br>レッドブレストサンフィッシュ<br>レッドイヤーサンフィッシュ<br>ロングイヤーサンフィッシュ<br>スポッテッドサンフィッシュ |

　日本でもっとも悪名高き外来生物のひとつであるブラックバス（オオクチバスやコクチバスなどの仲間の総称）は北米大陸原産の淡水魚で、日本には最初に1952年にオオクチバスという種が神奈川県の芦ノ湖に食用として持ち込まれました。その後、スポーツフィッシングの対象として日本中に拡散され、今では北海道を除く全国の湖沼や河川に生息しています。攻撃的な肉食魚であることから、侵入した池や湖では、もともとそこに生息していた水生生物を食い荒らし、生態系破壊や漁業被害など深刻な悪影響をもたらしています。このため、漁業者による駆除だけでなく国の法律や都道府県の条例などでも規制されるなど、さながらギャングのようなあつかいを受けているといってもいいでしょう。

　はたして彼らはそこまで悪者なのでしょうか？　感情的にならずに、冷静にブラックバスという魚の本来の姿を理解したうえで、これらの生きものに対して、私たちはどのように向き合わなければいけないのか考えてみましょう。

# ブラックバスの原産地の生態系

　日本の池や湖には、本来あまり大型の魚はおらず、どちらかというと小型で雑食性のおとなしい魚たちが生息しています。このような生きものたちが構成する生態系のなかで、新たに侵入した大型の肉食魚であるオオクチバスは、無敵の王者となり幅をきかせています。2009年には滋賀県の琵琶湖から世界記録となる10kgを超えるオオクチバスが釣り上げられているのです。これは大型になるフロリダバスとよばれる系統の血を引くオオクチバスが琵琶湖に持ち込まれた結果であることがわかっています。

　このフロリダバスが自然分布するアメリカのフロリダ半島の湖には、より大きな魚を釣り上げようと、国内だけでなく世界中からゲームフィッシングの愛好家が集まります。実際にフロリダの湖で釣りをすると、日本でも侵略的外来生物として有名なブルーギルやその近縁種の小型の魚たち、クラッピーやウォーマウスという中型の魚たち、ガー、ナマズ、カワカマスの仲間やアミアという古代魚といった大型の魚たちなど多くの種類の肉食魚、さらには、ワニの仲間と出会うことができます。これらはすべて現地にもともといる在来種です。それぞれの魚は、ワニを頂点とする生態系のなかで、それぞれ少しずつちがう生態的地位を占めながら、必死に生き残って進化してきた生態系を担う構成員なのです（❶）。

　フロリダ州では、大切な生態系の一部であり文化的にも観光資源としても重要なフロリダバスの資源を守ろうと、さまざまな規則や制度がつくられています。もともと生息していた場所では大切な生物多様性の構成員として保護・管理される生きものも、日本のような本来とは違う場所につれていかれれば悪者とされ、かわいそうなあつかいを受けてしまうのです。人間活動が引き起こしてしまった理不尽な状況におかれた生きものたちだからと、放置しておくとより多くの命が奪われ、生態系の崩壊が進行します。このような状況に対しては、人間自身が責任を持って対応するべきではないでしょうか？

## 調べてみよう

- [ ] 身近な環境に定着している外来生物はいますか。
- [ ] その外来生物はどこからきたのでしょう。
- [ ] その外来生物は地域の生態系にどのような影響をおよぼしていますか。
- [ ] その外来生物は原産地ではどのような生態系にくらしているでしょう。

地球の気候変動

生物多様性と農業

感染症

飢餓と肥満

都市化と食・農

紛争と難民

平和と食・農

未来への提言

## 外来生物から日本の生物多様性を守る法律「外来生物法」
── 規制をゆるめて効果を高める

　日本では、侵略性の高い外来生物による被害の拡大を防止する法律である外来生物法が2005年より施行された。この法律では、外来生物のなかでも侵略性が高く、生態系、人の生命・身体、農林水産業へ被害をおよぼすもの、またはおよぼすおそれがある生物を特定外来生物に指定し、それらの無許可での飼養、栽培、保管、運搬、放出、輸入等を禁止している。運搬を禁止すると、特定外来生物を捕獲して生きたまま他の場所に持ち出すことができなくなる。このため、あらたな地域への分布拡大を抑止する効果が見込める。もし、個人がこの法律に違反して特定外来生物を生きたまま他の場所に移動させると、3年以下の懲役、または300万円以下の罰金と厳しい刑事罰が科せられる。ただし、ブラックバスを対象としたスポーツフィッシングでの、キャッチ＆リリースといって釣り上げた魚をそのまま同じ湖に放つ場合は、条例等で禁止されている場所を除いて違反とはならない。

　ブラックバスと同じ北米原産のアメリカザリガニは、水生動物や水草の捕食など生態系への影響だけでなく、農業や水産業にも大きな被害をもたらしている。昔から子どもたちの川遊びでの生きもの採集やペットの対象として親しまれている側面もあり、一般の家庭でも多くの個体が飼育されている。被害拡大防止のために法的な規制が必要であるが、アメリカザリガニを特定外来生物に指定した場合、違法行為を避けるためにすでに飼育されている大量の個体が指定前に野外に放出されてしまう恐れがでてくる。このため、特定外来生物の指定が困難になっていた。有害ではあるがあまりにも身近になりすぎたものはかえって規制できないというジレンマに陥ってきたのである。そこで、2022年5月に外来生物法の一部見直しが行なわれ、今まで一律に決まっていた禁止行為をそれぞれの種に応じて指定できるように条文の見直しが行なわれた（❷ ※1 ※2）。アメリカザリガニの場合、2023年6月1日以降、現在禁止されている項目のうち、個人的に捕獲したものを運搬して飼育すること、無償での譲渡は認められるようになる見込みである。一律に規制するのではなく、一部緩めることによって実効性の高い法律へと改められるのである。法律を事態に合わせて整備したところで、しっかりと守られなければ意味がない。これを広く国民に周知し、遵守させていくことが重要である。

**❷外来生物法（2005）と改正外来生物法（2022）の違い**

**外来生物法（2005）** →無許可での禁止行為が種にかかわらず一律に決まっていた

| ✕ 保管 | ✕ 運搬 | ✕ 飼育・栽培 | ✕ 譲渡（無償） | ✕ 販売・購入 | ✕ 輸入 | ✕ 野外に放つ 植える まく |

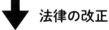 **法律の改正**

**改正外来生物法（2022）** →種に応じて無許可での禁止行為を個別に判断・指定できるように改正（黒枠の内容）

2023年6月1日に条件付特定外来生物に指定されるアメリカザリガニの場合

| ◯ 保管 | ◯ 運搬 | ◯ 飼育・栽培 | ◯ 譲渡（無償） | ✕ 販売・購入 | ✕ 輸入 | ✕ 野外に放つ 植える まく |

地球の気候変動

生物多様性と農業

感染症

飢餓と肥満

都市化と食・農

紛争と難民

平和と食・農

未来への提言

もっと学ぶための参考文献・資料

● 日本魚類学会自然保護委員会 編『見えない脅威“国内外来魚”── どう守る地域の生物多様性』東海大学出版会、2013 年
● 棟方有宗・北川忠生・小林牧人 編著『日本の野生メダカを守る ── 正しく知って正しく守る』生物研究社、2020 年

## 新しい外来生物の概念「第3の外来種（生物）」
### ── 身近な生きものたちが外来生物になりうる

　一般に外来生物といえば、海外から持ち込まれた生物のことを指す言葉だと思っている方も多いだろう。しかし、国境は人間が人間の都合で定めたものであり、本質的には生きものの分布には国境など関係ない。国境をまたごうがまたぐまいが、本来生息していない地域、あるいは本来生息している場所でも他の地域から生きものを持ち込めば、生態系の攪乱や、もともとそこにいる生物との交雑による遺伝子の攪乱もひきおこされてしまう可能性がある。最近は海外から来た外来生物（国外外来生物）とともに、国内でも違う地域にもたらされた生物も外来生物と認識され、国内外来生物とよばれるようになってきた。さらに、いままで金魚やヒメダカなど人為的に改良され増養殖された魚類や、品種改良された観賞用植物なども、自然界に流出してしまえば、他の場所からつれてきた生物と同じような影響をもたらす可能性があることがわかってきた。つまり、これらも一種の外来生物なのである。最近、国外外来種（第1の外来種（生物））と国内外来種（第2の外来種（生物））とならんで、人工管理された品種が野外に放たれたものを第3の外来種（生物）とよぶようになってきた（❸ ※3）。

　そもそも、農作物は原種となった植物の原産地の多くは海外にあり、さらに品種改良を重ねて自然界には存在しない生物をつくり出してきたものである。管理された農地で栽培している限りにおいて問題はないが、管理下を離れて野生化してしまうと、れっきとした外来生物であると考えていかなければならない。さらに、私たちがペットとしてかわいがっているネコ（イエネコ）も、もともとは人間が野生のヤマネコからつくり出した生物である。飼い主のもとを逃げ出して人間社会に棲み着いているノラネコが、やがては野生化して自然界に棲み着くようになれば、ノネコといって、これもれっきとした外来生物ととらえる必要がある。何でもかんでも外来生物とよぶと窮屈に思うかもしれないが、まずは、本来その自然環境に生息していなかったものは、外来生物と認識することからはじめなければならない。そのうえで、すべての外来生物を排除の対象とするのではなく、そのなかでも侵略性のあるものについて、防除を検討していくことが大切なのである。

### ❸由来の異なる外来生物の区分

| 区分名 | 意　味 |
| --- | --- |
| 第1の外来生物（国外外来生物） | 国境をまたいだ自然分布域外からの外来種（生物） |
| 第2の外来生物（国内外来生物） | 国境をまたがない自然分布域内外からの外来種（生物） |
| 第3の外来生物 | 人工改良品種由来の自然分布域内外の原種に由来する外来種（生物） |

※1　特定外来生物による生態系等に係る被害の防止に関する法律の一部を改正する法律案の閣議決定について
　　　環境省発表　https://www.env.go.jp/press/110649.html
※2　環境省　2023 年 6 月 1 日よりアカミミガメ・アメリカザリガニの規制が始まります！
　　　https://www.env.go.jp/nature/intro/2outline/regulation/jokentsuki.html
※3　『魚類学の百科事典』日本魚類学会編、p.520-527、丸善出版

# 生物多様性を守る農林漁業

## 田んぼの役割は
## お米をつくることだけでしょうか？

執筆：池上甲一

**❶田んぼの四季と生きもの** 撮影：宇根 豊

**春の田んぼ** 冬眠から覚めた ヌマガエル

**夏の田んぼ** 稲の葉の上で 発光する ヘイケボタル

**冬の田んぼ** エサをさがす ナベヅル

**秋の田んぼ** 稲の上を飛ぶ ナツアカネ

　「田んぼはお米を生産するところ」と、みなさんは考えていることでしょう。たしかに田んぼの一番大事な役割は、食べものになるお米をつくることです。でも、1年かけて田んぼを観察してみると、多様な生きものの生息場所になっていることがわかります（❶）。

　田んぼは、魚類や両生類や昆虫類の産卵場所となり、卵からかえったあとには、それらの生きものの生息場所になります。さらに、こうした生きものをエサとする鳥類や哺乳類も集まります。 田んぼの中には「食物連鎖」の輪が生まれます。まさに、田んぼは生物多様性を守る役割を担っているのです。

減農薬、有機農業、自然農法、アグロエコロジー、環境水利権、生きもの農業、ラムサール条約

# ふゆみずたんぼ
## ── 田んぼに生きもののにぎわいを取り戻す工夫 ──

❷にはたくさんの渡り鳥が映っています。湖や沼でもないのに、なぜこれだけたくさん集まっているのでしょうか。答えは、この場所が「ふゆみず田んぼ」（冬季に水を溜めた水田）で、稲刈りの後にわざわざ水を入れて湿地状態にし、特にシベリアからの渡り鳥にえさ場や休み場を提供しているからです。もちろん、渡り鳥以外の鳥類も集まってきます。生態系が豊かになってえさになるドジョウやタニシなどが増えるからです。

「ふゆみず田んぼ」は、北陸地方や東北地方を中心に取り組まれています。宮城県の蕪栗沼周辺の水田は、その取り組みが高く評価されて2005年にラムサール条約に登録されました。同条約の目的は湿地の保全・再生、賢明な利用（wise use）、交流・学習の3つです。水田は「賢明な利用」の具体例です。

冬に水を張ると、春からの機械作業がしにくくなり、お米の生産に支障が生じますが、それでも、農家の人たちは生きもののにぎわいを取り戻そうと願って、「ふゆみずたんぼ」を続けています。また「ふゆみずたんぼ」には、鳥類の糞に含まれるリンが肥料として役立ったり、雑草をついばむので除草剤がいらなかったりしますし、夏の雑草が生えにくくなるという効果もあります。

❷「ふゆみずたんぼ」に憩うハクチョウなどの鳥類たち　撮影：岩渕成紀

## 調べてみよう

- [ ] 田んぼの周りにいる動物や植物を、季節ごとに調べてみよう。
- [ ] 冬の田んぼの土を掘り返したら、どんな生きものが見つかるだろうか。
- [ ] 「ふゆみずたんぼ」以外の、生きものを呼び戻す取り組みを調べてみよう。

# 「生物多様性国家戦略」の中の農林漁業
—— 生物多様性の保全がうまくいかないのはなぜか?

　日本では、生物多様性を守るための基本方針は生物多様性国家戦略が定めている（❸）。生物多様性の喪失には、国土面積に占める割合の大きい里地里山（農地を含む）の手入れ不足が寄与している。このことを明確に打ち出したのは第3次国家戦略であり、それ以降この認識が引き継がれている。現行（2022年時点）の国家戦略2012〜2020（第5次）では、「自然共生圏」の実現のために、里地里山や里海において長らく実践されてきた「持続的な農林水産業の再評価」や「生物をはぐくむ農林水産業」が重要だとしている。第6次に向けた報告書（2021年7月）でも、次の10年間の取り組みに持続可能な農林水産業の維持・発展を挙げ、有機農業や環境保全型農業の推進、農地景観全体の保全、地域社会の包括的な維持・発展が必要だとしている。

　しかし、第1次国家戦略の策定からすでに四半世紀が経過しているのに、生物多様性の喪失、生態系サービスの劣化は進展し続けている。農業の観点からみて、なぜ、生物多様性保全はうまくいかないのだろうか。さまざまな理由が考えられるが、さしあたり以下の4点が重要である。第1に、生態系サービスの便益、劣化による農業への損失がみえにくく、その深刻さが実感できない。第2に、経済的価値重視の農業が主流になっている。農薬は生物多様性に悪影響をおよぼすが、その使用を抑えると、農作物の外観が悪くなったり、収量が不安定になったりすると考えられている。第3に、生物多様性の保全・管理の費用をまかなう方法が確立されていない。第4に、私的所有権が優先される仕組みになっているので、里地里山の利用と管理が所有者まかせになっている。

**❸生物多様性国家戦略に関する主な動き**

| | |
|---|---|
| 1992 | 生物多様性条約がナイロビで採択、リオ・サミットで署名、翌年末に発効 |
| 1993 | 日本政府が生物多様性条約を批准 |
| 1995 | 第1次生物多様性国家戦略の策定 |
| 2002 | 第2次生物多様性国家戦略の策定 |
| 2007 | 第3次生物多様性国家戦略の策定 |
| 2008 | 生物多様性基本法が成立、公布、施行 |
| 2010 | 生物多様性国家戦略2010の策定 |
| 2010 | COP10（生物多様性条約第10回締約国会議）が愛知県名古屋市で開催、「愛知目標」の採択 |
| 2012 | 「生物多様性国家戦略2012−2020」 |
| 2021 | 「次期生物多様性国家戦略研究会報告書」の公表 |

もっと学ぶための参考文献・資料

● 鷲谷いづみ『コウノトリの贈り物──生物多様性農業と自然共生社会をデザインする』地人書館、2007年
● 「次期生物多様性国家戦略研究会報告書」（次期生物多様性国家戦略研究会、2021年、環境省）
　http://www.biodic.go.jp/biodiversity/about/initiatives5/files/100_hokokusho.pdf

## 解説2 環境保全型農業と生物多様性
### ── 日本の有機農業の課題

　農業は自然の力に依存するので、本来は生物多様性を生み出し、保全するという機能がある。しかし、現代農業は逆に生物多様性を弱めてきた。特に、農薬への依存や圃場整備事業が大きな影響を与えた。農薬は生きものを殺傷するし、圃場整備事業は生物の生息圏を攪乱する。その反省から環境保全型農業への転換が試みられているが、生物多様性保全の面からは課題が残っている。

　環境保全型農業の中でも有機農業が注目されているが（❹）、一般に有機農業とは農薬や化学肥料を使わない農法だと理解されている。このことは、有機JAS制度によるところが大きい。しかし、有機JAS制度は認証基準と表示制度を国際基準に合わせることが目的で、有機農業を定義しているわけではない。それに対して、日本有機農業研究会による「基礎基準」には、たとえば「生きた土づくり、自然との共生、地域自給と循環」といった条件が盛り込まれている。この「基礎基準」は、生物多様性の保全を明確に意識している。

　有機農業推進法では、化学的合成物および遺伝子組み換え技術を利用しないことに加え、「農業生産に由来する環境への負荷をできる限り低減した農業生産の方法を用いて行なわれる農業を」有機農業と定義している。この定義からわかるように、法制度的には環境負荷の低減に重点があり、生物多様性の保全に対する関心は薄い。

　世界的には有機農業が確実に増大している。その理由のひとつに、生物多様性の喪失に対する強い危機感がある。有機農業は政策的にも、消費者の意識からも生物多様性の保全と結びついている。それに対して、日本では生物多様性保全から有機農業を捉える視角が弱い。今後の課題である。

**❹日本の有機農業黎明期のレジェンドたち**　（『現代農業』2021年10月号、117ページより引用、イラスト：アルファ・デザイン）

### 岡田茂吉（1882〜1955）

世界救世教の創始者。ハワードの『農業聖典』が世に出るより前の1935年に「無肥料栽培」を提唱。1950年以降は無肥料無農薬が原則の「自然農法」に取り組み、その理念は「MOA自然農法文化事業団」「自然農法国際研究開発センター」「秀明自然農法ネットワーク」などに、現在まで引き継いでいる。

### 福岡正信（1913〜2008）

横浜税関植物検査課、農業試験場勤務を通して科学的知識の限界を知り、「自然農法」に取り組んだ。「不耕起」「無肥料」「無農薬」「無除草」を4大原則とし、緑肥草生や稲ワラ、麦ワラ被覆などを行ない、より自然な状態にする農法を実践した。著書『自然農法　わら1本の革命』は20ヵ国語以上に翻訳された世界的ベストセラー。

### 一楽照雄（1906〜1994）

「有機農業」という言葉の生みの親。全国農業協同組合中央会の理事や協同組合経営研究所の理事長を歴任し、1971年に佐久総合病院の医師、若月俊一らと「日本有機農業研究会」を設立。国内の有機農業推進の中核を担った。

地球の気候変動
生物多様性と農業
感染症
飢餓と肥満
都市化と食・農
紛争と難民
平和と食・農
未来への提言

# 農業が環境を「つくり」、守る

## 自然に返せば、里山は復活する?

執筆：池上甲一

❶堆肥をとる落ち葉を掻くことで、よく管理された里山。春先には「スプリング・エフェメラル」のひとつカタクリの花が一面に咲く（埼玉県小川町）

　日本の自然は長い歴史をかけて、人びとがつくり上げてきた人工的な「自然」です。原生の自然はほとんどありません。日本の自然は人によって馴らされてきたといえるかもしれません。生物も、この馴らされた自然に適合するようにライフスタイルを変えてきました。それが生物の生存戦略です。

　だから、里山や棚田を放置しておくと、荒れ果てた状態に戻ってしまい、生物もすみにくくなってしまいます。適切な管理をしないまま、自然に返しても里山は復活しません。荒廃農地にすると、生物多様性が低下することもわかってきました。ここに、日本型ビオトープとしての自然の特徴があります。

# 景観をつくり変えてきた日本の農業

みなさんは原風景というと、どんなことを思い浮かべますか。小学校とか電車の通過する踏切を思い浮かべる人もいるでしょう。しかし、筆者が大阪府で行なった調査では田んぼ、原っぱ、小川、ため池といった農業的な要素を指摘する人がたくさんいました。つまり、❷のような農村の典型的な空間構成を思い浮かべているのです。それは大きく、サト（生活空間）、ノラ（農業の舞台）、ノラとヤマを結ぶハラ、里山と奥山からなるヤマの4つに分けられます。これらの空間を川が貫き、ため池も点在しています。サトから遠ざかるにつれて、人の手の入り方が小さくなります。

❷農村の空間構造

人びとは自然に働きかけ、大地を少しずつ改変してきました。多くの水田に水を引き込めるように川の流れを等高線沿いに付け替えたところもあります。ため池もつくりました。こうして、日本の原風景らしい景観がつくられてきたのです。

みなさんは「春の小川」という唱歌を知っていますか。この小川は、東京の渋谷川に合流する河骨川がモデルだといわれています。小田急線代々木八幡駅の近くには「春の小川」の石碑があります。この唱歌には「岸のスミレやレンゲの花」が出てくることからわかるように、春の小川は水田の脇を流れる農業用の水路です。「春の小川」が作曲された大正時代の渋谷区にはまだこういう農業がつくった景観が残っていたのです。

現在では、こういう小川を里川と呼ぶことがあります。滋賀県では2022年7月に「森・里・湖（うみ）に育まれる漁業と農業が織りなす琵琶湖システム」が国連食糧農業機関によって世界農業遺産に認定されました。これも里山、里川、里湖が一体的に景観と産業を形づくってきた好例だといえるでしょう。

## 調べてみよう

☐ 近くの里山に出かけ、どんな状況か確かめてみよう。

☐ スプリング・エフェメラルを探して写真に撮ろう。

☐ 地域の川や湖での昔の遊びや生きものを古老に聞いて地図をつくろう。

地球の気候変動

生物多様性と農業

感染症

飢餓と肥満

都市化と食・農

紛争と難民

平和と食・農

未来への提言

## ローカル・コモンズとしての里山

　「SATOYAMA イニシアティブ」という環境省と国連大学が 2007 年に提唱した取り組みがある。この取り組みの目的は、日本の里山が培ってきた永続的な利用と管理の仕組みに注目し、そこにみられる人間と自然の相互作用の意義を世界に発信して、サステナブルな資源利用のあり方を探求する点にある。

　里山は村または複数の村々の共有地である。共有地のことを英語でコモンズという。ハーディン（Hardin, G.）は、コモンズの牧草地を例に挙げ、先により多くの牛を放した人ほど得になるので、みんなが牛をドンドン連れてきて草を食べさせる、そのためコモンズがダメになってしまうと主張した。彼はこのことを「コモンズの悲劇」と呼んだ。ただしこの場合のコモンズはオープン・アクセスで誰でも利用できる点に注意が必要である。

　しかし世界を見渡すと、「われ先の競争」によって共有地が荒廃に陥っているわけではなく、むしろ定常的に利用されている例のほうが多い。ノーベル経済学賞を受賞したオストロム（Ostrom, E.）はこのことに注目し、政府でも個人でもなく集団として管理することの優位性を実証的に解明した。この優位性は共有地がきちんと統治されていることが条件である。統治の条件にはメンバーの明確さ、メンバーで決めた規則、違反者に対する段階的罰則などの 8 つがある。

　日本の里山はまさに、こうした共有地の統治に適う原則を歴史的に形成してきた。それは入会という自発的な仕組みである。入会には山に入る時期、資源を持ち出す量、使う道具の種類と大きさなどの規則が細かに決められていた。里山は❸のように、燃料や食べもの、肥料や家畜のえさなどの資材供給だけでなく、文化的な営みの場でもあった。また生態学的な遷移の進行を人工的に攪乱することで、里山の生態系を定常的な状態に保ち、結果として生物多様性を維持するという機能ももった。よく管理された里山にはスプリング・エフェメラル（春先の妖精）といって、シュンランやカタクリなどが出現し、そこにギフチョウなどが集まってくる。里山はこのように社会経済的・文化的・生態学的な側面をもつ複雑なシステムなのである。

　しかし社会が近代化するにつれて、この複雑なシステムは分解されて、ついには荒廃するまま放置されるようになってきた。燃料革命や肥料革命という生活エネルギーや農法の変化が大きな原因である。最近では里山の文化的・生態学的な価値に注目して市民団体、企業、大学、行政などがその再生を目指して活動を進める例が増えている。里山再生活動をする団体のネットワークもできている。

### ❸多彩な里山の利用方法

堆肥材料（落ち葉） → 苗床 → 堆肥 → 農地（生産）

飼料・敷料 → 家畜 → 堆厩肥

里山 → 炭、薪、粗朶類 → 市場（販売）

食料、薬草、茸、燃料（薪炭、柴など） → 生活（家計）

筆者作成

**もっと学ぶための参考文献・資料**

● 稲垣栄洋『田んぼの生きもの誌』創森社、2010 年
● 丸山徳次・宮浦富保 編『里山学のまなざし』昭和堂、2009 年
● 大塚泰介・嶺田拓也 編『なぜ田んぼには多様な生き物がすむのか』京都大学学術出版会、2020 年

# 解説 2　生態系サービスを維持するためのコスト

　自然を守るには費用がかかる。かつては農民が自分たちの農作業の結果として自然を守っていた。だから、町に住む人びとも政府も自然を守るための費用を負担する必要がなかった。しかし特に里山は、農民にとっての必要性が小さくなるにつれて手が入らなくなり、荒れた空間に変わっていった。それも確かに「自然」ではあるが、人びとが慣れ親しんできた「馴らされた」自然ではないし、生物たちにはすみにくい空間となってしまった。荒れるに任せれば、景観的に見苦しいだけでなく、生物多様性が単純化したり、土砂崩れなどの災害も発生しやすくなったりする。こうして改めて、里山の自然を人為的に守る必要が出てきたのである。

　現在、日本各地でいろいろな団体や組織が里山を守る活動を行なっている。各地で、里山を守る条例もつくられた。しかしそれでも全体としてみれば里山の荒廃は解消されず、日本の社会にとって良好な自然を維持できていない。その理由としては生態系サービスの劣化による損失がみえにくい、里山の管理技術が継承されていない、保全管理の費用をまかなう方法が確立されていないなどを挙げることができる。

　最後の費用問題を解決するうえで、「生態系サービスへの支払い（PES）」という考え方が参考になる。生態系サービスとは国連が打ち出した考え方で、供給サービス、調節サービス、文化サービス、基盤サービスの4つから構成される（❹）。これらのうち、供給サービスのなかには販売して現金を入手できるものがあるが、ほとんどのサービスは売買できない。市場経済のもとでは売買できないモノやサービスは供給が減っていく。必要性が低下するにつれて荒廃里山が増えたのはこのことによって説明できる。

　しかし、調節サービスも文化サービスも基盤サービスも提供が減ると、人間社会が成り立たなくなってくる。そこで、こうした人間社会に不可欠だが売買されないサービスに対して、保全のための資金を提供しようという PES のアイデアが生まれたのである。実際の制度設計には誰が支払うのか、サービスをいくらくらいに見積もるのかといった課題があるものの、世界には PES をすでに導入している中米のコスタリカのような例がある。

**❹生態系サービスの種類と内容**

| サービスの種類 | サービスの具体的内容の例 |
| --- | --- |
| 供給サービス | 食料、燃料、木材、淡水など |
| 調節サービス | 気候、洪水、疾病などの調節 |
| 文化サービス | 審美的、精神的、教育的機能 |
| 基盤サービス | 栄養塩循環、土壌形成 |

地球の気候変動
生物多様性と農業
感染症
飢餓と肥満
都市化と食・農
紛争と難民
平和と食・農
未来への提言

# 生きものを守る農業とは ── トウキョウダルマガエルと中干しの関係

**執筆：守山拓弥**

## ◎準絶滅危惧種に指定されたトウキョウダルマガエル

　水田はお米を生産するだけでなく、さまざまな機能をもっているといわれています。こうした機能は「多面的機能」と呼ばれ、その一つに生物多様性を保全する機能があるとされています。水田には、さまざまな生物が生息し日本の生態系にとり重要な環境の一つとなっているのです。このコラムでは、水田で暮らす生物のうちカエルの一種であるトウキョウダルマガエルに焦点をあてます。

　トウキョウダルマガエルは、関東地方の水田で生息する代表的なカエルです。一般的には「トノサマガエル」と呼ばれることが多いのですが、関東地方から仙台平野にかけて分布するのは「トノサマガエル」ではなく、トウキョウダルマガエルです（❶）。本種は水田で卵を産み、幼生（いわゆるオタマジャクシ）も水田で育ちます。だから、水田が主な生息場になります。しかし、水田の構造や農業の方法が変化することで、生息数や生息地が減ってきています。そのため、2006年に環境省レッドリストの準絶滅危惧に指定されました。

　本種だけでなく、カエル類は全体的に数が減ってきています。その原因の一つに、

❶トウキョウダルマガエル

水田を一時的に干す「中干し」が戦後に普及したことがあるのではないかといわれています。「中干し」とは、田植えの１カ月後くらいをめどに、水田の水を抜いて土を干す作業のことです。「土用干し」ということもあります。「中干し」は稲の根がしっかり張るようにしたり、土中のガスを放出したりする効果があります。

## ◎中干しをめぐって二つの選択が

宇都宮大学農村生態工学研究室では、中干しがトウキョウダルマガエルの幼生と幼体（オタマジャクシからカエルになったばかりの小型の個体）に本当に影響をおよぼすかを明らかにする調査をしてみました。具体的には中干しを実施した水田と実施しなかった水田、実施時期を遅らせた水田で違いがあるかを調べたのです。すると、水田内で出現する幼生は中干しにより減少すること、中干しをしない、あるいは比較的遅い時期まで中干しをしない水田では多くの幼生が幼体となることがわかりました（※）。つまり、中干しは幼生が水田で生育することを阻害しているのです。水田で卵を産み幼生が育つトウキョウダルマガエルにとり、中干しは幼生が生存できなくなる大きな環境変化なのです。

現在、中干しについて、二つの異なる方向があります。一つ目は中干しをしないか開始時期を遅くする取り組みです。有機稲作では稲の茎数を確保したり雑草の繁茂を抑えたりするために、中干しを遅らせたり行なわなかったりすることがあります。こうしたやり方は、水田で生息する多くの水生生物にとって良い影響があります。また、生きものの保全自体を目的に、中干し時期を遅くする取り組みも行なわれています。

一方、中干しをむしろ長く行なおうという考えもあります。これは、地球温暖化対策としてメタンガスの発生を抑えるためです。通常よりも長い期間にわたる中干しは、水田から発生するメタンガスを抑制します。メタンガスは、二酸化炭素に次いで地球温暖化におよぼす影響が大きな温室効果ガスとされているのです。

このように、中干しは、「地球温暖化防止」と「生物多様性保全」というどちらも重要な課題への対策としてとりあげられていますが、どちらを重視するかで取り組む内容が真逆となります。一つの課題への対策が別の問題を生むことは、現実の世界では往々にしてあります。物事を一面的に見て判断せず、どのような対策をどの程度行なえばいいのでしょうか。この問いかけを考えることは、物事が今まで以上に複雑に絡み合う世界でたいへん重要になる姿勢ではないでしょうか。

※　守山拓弥・中田和義・渡部恵司 編著『ダルマガエル──生態を知って農業で守る』農文協、2022 年

地球の気候変動

生物多様性と農業

感染症

飢餓と肥満

都市化と食・農

紛争と難民

平和と食・農

未来への提言

# 農業と感染症の関係

## 感染症の出現は
## 人類に何を問いかけているでしょうか？

執筆：山本太郎

❶エジプト・センネジェムの墓の壁画

提供：New Picture Library/ アフロ

　人類が農業を開始して以来1万1000年の間に、その人口は飛躍的に増大し、都市を中心に人口密度も高まりました。また、同時に始まった家畜飼育によって、動物とヒトの距離も縮まりました。さらに、人類の開発によって熱帯雨林が喪失したことも、ウイルスがヒト社会に持ち込まれる原動力となります。

　このようにCOVID-19（新型コロナウイルス）を含む感染症と自然の開発とはきってもきれない関係にあります。その意味でコロナ禍は文明病ともいえるのではないでしょうか。

感染症、パンデミック、自然との共生、移動と定住

# パンデミックを生み出した「暮らし方の変化」

　人類は長くドングリなど食べることの可能な植物を拾い、貝を集め、また、狩りをすることによって暮らしていました。そんな暮らしが変わったのは、今から1万年前のこととなります。農業と家畜飼育の開始です。何が変わったのでしょうか？

　農業の開始は、単位面積あたりの収穫量増大を通して土地の人口支持力を高めました。その結果、人口は増加しました。また定住は、出産間隔の短縮や離乳の早まり、さらには生殖可能期間の延長を通して、さらなる人口増加に寄与しました。また、人口の増加は文明の勃興にも寄与しました。

　農業の開始と前後して見られたのが野生動物の家畜化でした。野生動物の家畜化は動物とヒトの距離を縮め、本来、野生動物のものであったウイルスをヒト社会に持ち込んだのです。

　考えてみてください。たとえば、今回の新型コロナウイルスが、農業が始まる前のヒト社会に出現したとして、何が起きたでしょうか？　ウイルスは、100〜150人に感染した後、行き先（新たな感染者）を失い、自然と消滅したに違いありません。ウイルスや細菌がパンデミックを引き起こすための条件は、私たちの「暮らし方」にあるのです。新型コロナウイルスがパンデミックを引き起こした理由は、人々がもっと速く、もっと遠くへと社会を変えていった結果だったのです。

　そこに開発という名の自然の生態系への進出や、地球の温暖化やそれらにともなう熱帯雨林などの喪失が加わりました。そうした出来事は野生動物とヒトとの関係を変化させ、本来、野生動物のウイルスだったものをヒト社会に持ち込む原動力となりました。とすれば、自ずから行なうべきことは明らかです。それは、温暖化や無秩序な開発に歯止めをかけ、自然との共生関係をもう一度再構築するということです。

## 調べてみよう

☐ **文明の接触と感染症との関係についてペストを例に調べてみよう。**

☐ **コロンブスの新大陸再発見は新大陸と旧大陸双方にどんな影響を与えただろうか。感染症との関係から調べてみよう。**

## 農業と家畜飼育と感染症との切っても切れない関係

　今から1万年前に農業と家畜飼育が開始されてから、人間の暮らしの何が変わっただろうか？

　第1に、少人数(100〜150人前後)で移動しながら暮らしていた人々は農業を開始することによって、一つの場所に定住することになった。人々が、移動生活を送っていたのは、そうした獣を狩り、植物を採集するといった自然資源に依存する生活では、一つの場所への定住は周辺自然資源の枯渇をもたらし、集団そのものを破滅的な状況に追いやることになるからである。移動社会は定住社会と比較していくつかの特徴を持っていた。定住社会より糞便などからの再感染が少ないというのもその一つである。というより、定住することによって、自らの糞便への接触機会が増加したというほうが正しいと思われる。糞便との接触は消化器系感染症や寄生虫感染を増加させた。汚染された生活用水を介して起こる流行もあったに違いない。一般論だが、定住化社会は移動社会と比較して、感染症がはるかに流行しやすいといえる。

　第2に農業の開始は、単位面積あたりの収穫量増大を通して土地の人口支持力を高めた。新人類が出アフリカを果たした当時(5〜7万年程前)の人口は数十万から100万人程度と推定されている。そのうちの数百人、多くても2000人程度がアフリカを後にして世界に広がっていった。そうして広がっていった人口は、農業が開始された1万1000年前頃には500万人となり、紀元前500年頃に1億人を突破し、紀元前後に約3億人となった。5万年かけて20倍になった地球人口は、農業開始後1万年で20倍に、その後2000年でさらに20倍に増加した。ちなみに現在の世界人口は約78億人だと推計されている。

　農業の開始と前後して見られたのが野生動物の家畜化だった。野生動物の家畜化は、動物に起源をもつウイルス感染症をヒト社会に持ち込んだ。天然痘はウシ、麻疹はイヌ、インフルエンザは水禽、百日咳はブタあるいはイヌに起源をもつ。これらの動物は、群居性の動物で、ヒトが家畜化する以前からユーラシア大陸の広大な草原で群れをなして暮らしていた。家畜に起源をもつ病原体は、増加した人口という格好の土壌を得て、ヒト社会に定着していったのである。専門的な言葉で言えば、病原体は「生態学的地位」を獲得した、ということになる。

## 自然との共生関係の再構築が求められている

　先に、今回の新型コロナウイルスが、農業が始まる前のヒト社会に出現したとして、ウイルスは、100〜150人に感染した後、行き先を失い、自然と消滅したに違いないと述べた。こうした推測は、大きな示唆を私たちに与えてくれる。それは、ウイルスや細菌による感染症の流行は、ウイルスや細菌がつくり出すものである一方で、それだけではパンデミックを起こすことはないということである。

**もっと学ぶための参考文献・資料**

●山本太郎『感染症と文明——共生への道』岩波新書、2011 年
●山本太郎『疫病と人類——新しい感染症の時代をどう生きるか』朝日新書、2020 年

　産業革命以降、とりわけ 20 世紀以降、「開発」という名の自然への介入は、それまでとは比較にならない規模と速度と複雑さをもつようになった。それゆえ、副次的に引き起こされる変化はしばしば予想困難であり、想定を超えるものとなった。たとえば、エジプトのアスワンハイダムや中国の三峡ダムのような巨大ダム建設による環境変化と住民の強制移住、南アフリカでの鉱山開発、カリブ海沿岸での灌漑による米作、マレー半島でのゴム園開発……。こうした開発という名の自然生態系への進出や熱帯雨林の喪失は、本来、野生動物のウイルスだったものをヒト社会に持ち込む原動力となった。いまこそ、自然との共生関係を再構築すべきときであろう。

　ところで農業を発見したとき、人類は狩猟採取より高い食物収量を保障する革新的技術として、その発見に飛びついたのだろうか。状況はそれほど単純ではなかったと思われる。

　春に植えた種は秋に収穫される。しかし、春から秋にかけて起こることを正確に予測することはできない。それが、それまでに人類が経験したことのない、（農業という）試みだとすればなおさらである。洪水が起こることもあるだろう。干ばつが襲うこともあっただろう。あるいはイナゴの大群が来襲するかもしれない。農業は、特にその初期においてけっして期待収益性の高いものではなかったはずである。

　農業は、狩猟採取のかたわらで細々と開始されたに違いない。しかし結果としてみれば、それが、その後の人類史を大きく変えていくことになったのである。その不思議さに驚かされる。

❷農地に転換されるカメルーンの熱帯雨林 Photo by Mokhamad Edliadi/CIFOR

地球の気候変動

生物多様性と農業

感染症

飢餓と肥満

都市化と食・農

紛争と難民

平和と食・農

未来への提言

# 新型コロナウイルス感染症が
# 浮き彫りにした社会病理

## コロナは誰を苦しませたのだろうか？

執筆：藤原辰史

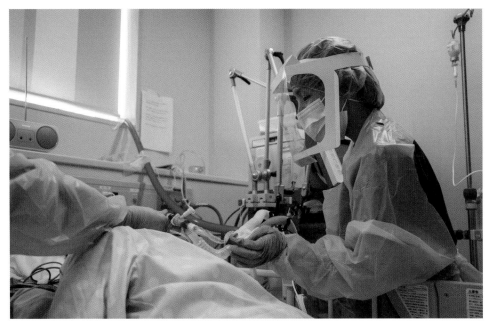

❶人工呼吸器をつけたコロナ重症患者のケアをする看護師（2021年1月13日、武蔵野赤十字病院）　撮影：渋谷敦史　協力：日本赤十字社

　新型コロナウイルスの感染によって、世界中で多くの人が亡くなりました。家族や友人を突然、この感染症で失った悲しみや苦しみは簡単に消えるものではありません。私たちは、亡くなった方と残された親しい人たちの気持ちを想像することが大事です。

　それとともに大事なのは、コロナの苦しみが世界中平等に訪れなかったことです。仕事を自宅でできず、賃金が低く設定されていた職業の人のほうが感染リスクは高かったのです。そういう仕事にかぎって、辞めても新しい仕事を簡単に見つけられません。外国から移動して、漁業や農業をして暮らしている労働者や、ひとりで子どもを育てているお母さんやお父さんは、たとえ感染しなくても、自分が倒れたら自分や自分の大切な人が生活ができないという不安にかられながら暮らしていたことも、私たちは思い起こすべきでしょう。

感染症による格差拡大、社会的弱者への影響、偏見と排除、自粛・同調圧力

# 新型コロナの災いがあぶりだした社会の不平等

　新型コロナウイルスは世界中で猛威をふるいました。悪化すると肺にものすごい痛みを感じる病気でしたから、亡くなっていった人たちの苦しみは想像を絶するものです。

　それから、医療を支えている看護師さん（❶）やお医者さんたちも、人手不足、物資不足、薬品不足の中で、感染の危険を冒しながら、多くの方が自分の使命だと思い、心身ともに本当に苦しい仕事をしていることを、私たちは何度も思い起こさなければなりません。

　また、世界の経済先進国では、日本も含めて、農業や漁業の厳しい労働は海外からやってきた賃金の低い労働者によって担われていましたが、移動中や狭い場所に住んでいると、やはり集団感染に襲われることが多かったです。アメリカのニューヨークのホームページでは、地区ごとに感染者の割合が色分けされてみられるようになっていましたが、裕福な家庭の多い場所よりも、貧困家庭の多い場所や、黒人やヒスパニックなど移民労働者の多い場所の感染率が高かったことは、しばしば報道されました。日本では、比較して低賃金労働者の多い女性の方が、男性よりも自殺者が増えました。

　新型コロナウイルスは全然平等ではありません。その感染の怖さは、社会的に弱い立場にある人びとほど感じるものでした。「ステイホーム（家にいなさい）」と世界中で政治家たちが国民に呼びかけましたが、ホームレスや、ネットカフェに住んでいたけどコロナで休業になり、住む場所がなくなった人たちのように、帰るべき場所がない人たちにとって、コロナの災いは、これまでの社会の不平等をいっそう強くあぶりだすものでした。最初の感染爆発が中国の武漢市だったことを原因とするアジア人への差別や、感染した人たちや看護師への差別・偏見も世界中で見られた現象です。このようなひどい行為が、どれだけ多くの人たちを苦しめたのかについても、私たちは忘れてはなりません。

## 調べてみよう

- ☐ 世界的に大流行したスペイン風邪（インフルエンザ）と今回の新型コロナの共通点と違いはなんだろう。
- ☐ 新型コロナに感染した人や医療に従事した人に、困ったこと、つらかったことを聞いてみよう。
- ☐ 新型コロナ禍がもたらした社会の分断にはどのようなことがあるだろうか。

## 感染者、医療従事者をともに苦しみが

　新型コロナウイルスの感染は、世界史に残る大きな悲劇となったし、この執筆時もその悲劇は終わっていない。2019年の冬に最初の感染爆発を起こした中国の武漢市では、1000万人を超える都市が丸ごとロックダウンされる、という前代未聞の政策が実行され、感染で亡くなった人はもちろんのことだが、人と会えない、接触できないことや生活必需品にアクセスしにくいということから起こる日常の困難や心の危機が、感染者を襲った。このロックダウン方式は、多少の違いはあったものの、各地で踏襲されるようになる。

　100年前のインフルエンザ・パンデミックであるスペイン風邪との比較が世界各地の報道や研究などでなされたが、そこで明らかにされたとおり、コロナ禍はスペイン風邪より致死率が低かった。だが、それでも初期はイタリアやスペインなどで、病院の病床がすぐにいっぱいになり、患者が病院をたらいまわしにされる悲劇が訪れ、病院で誰を生かすべきか、という厳しい選択を医療従事者に突きつけた。

　特効薬がなく、治療法も確立されておらず、呼吸が苦しく、視野も狭く、動作もしにくい環境のなかで、医療従事者たちがどれほどの苦しみを抱きながら仕事をしていたのか、「コロナが誰を苦しめたのか」という問いを考えるときに私たちはまず考えなくてはならないだろう。医療従事者を拍手で称揚する行為が世界でなされたが、これだけでは、医療をめぐる社会の問題を変えることにはならない。

　そして、もちろん、新型コロナウイルスに感染した重傷者や死者の苦しみは、生き抜いた人たちの声を聞くと、想像を絶するものだったことが明らかにされている。とともに、死者と接触を禁止されていた家族や友人たちが、死後も触ることもできないで埋葬したり、火葬したりせざるをえなかったことも、深い悲しみを残した。感染した者の最期を見送ることができなかった、という遺族の悲しみは、今回のパンデミックの大きな特徴の一つだと言えよう。

東京新宿都庁下での食料配布＆相談会で　提供：認定NPO法人自立生活サポートセンター・もやい

**もっと学ぶための参考文献・資料**

● ジョン・バリー（平澤正夫 訳）『グレート・インフルエンザ』共同通信社、2005 年
● リチャード・コリヤー（中村定 訳）『インフルエンザ・ウイルス —— スペインの貴婦人』清流出版、2005 年
● 速水 融『日本を襲ったスペイン・インフルエンザ』藤原書店、2006 年
● 福岡伸一・伊藤亜紗・藤原辰史『ポストコロナの生命哲学』集英社新書、2021 年

地球の気候変動

生物多様性と農業

感染症

飢餓と肥満

都市化と食・農

紛争と難民

平和と食・農

未来への提言

　また、病院や保健所のような公的機関は、新自由主義的政策（公的セクターを民間セクターに移動させ、労働者を守る規制を取っ払い人件費を削減できるよう政府が企業を補助する経済のあり方）を打ち出してきた日本をはじめとする先進経済国で、経済成長を妨げるものとして削減されていたことも、この災厄をさらに深刻化した。比較的利潤が出やすい脳外科専門の病院などは建てられていたが、感染症に対応できるような総合病院が少なかったことが、イタリアの悲劇を招いたという研究もある。削減された保健所がパンクをして対応できなかった事実も、日本で新自由主義を見直す契機となった。

## 解説 2 新型コロナがもたらした構造的暴力

　次に、新型コロナウイルスがもたらしたのは、これまで私たちの世界で、多くの人を苦しめてきた「構造的暴力」の存在である。構造的暴力とは、平和学者ヨハン・ガルトゥングの言葉であり、貧困、性差別、人種差別、経済封鎖など、武器を用いたあからさまな暴力とは異なり、持続的で暮らしに忍び込んだ暴力であった。たとえば、ドイツやアメリカの食肉工場でクラスターが発生したが、その工場で働いていた人たちは東欧からの移民労働者であり、低賃金で働いていただけではなく、劣悪な住居に密集して暮らしていたことが原因の一つであった。農場でも移民労働者が多く、移動制限のため、労働者が来られなくなって、はじめて農業が海外の労働力によって成り立っていることを世間に知らしめた。この災厄の特徴は、まったく新しい悲劇をもたらした、というだけではなく、従来の悲劇をさらに広げた、ということである。

　都市部でも、いつもは会社に出勤して仕事をしていた男性が、自宅で仕事をするようになって、家庭内暴力を振るい、配偶者たちが被害を受けた事例も多々見られるようになった、という報道がフランスなどでなされた。ニューヨークの保健当局のホームページが毎日更新していた地図によると、ステイホームができない労働者たちが住む黒人やヒスパニックが住む地区は、ステイホームが可能な裕福な白人層の地区よりも、感染率が高かった。環境災害の被害もそうであるように、感染症災害の被害もまた、人種主義や貧困と深くつながっていることを、私たちは忘れてはならないだろう。

　そして、新型コロナウイルスに直面した人類は、世界で初めて感染症に対して、経済を一時止める（シャットダウン）ことを選んだ。先手を打ったのであるが、これがもしもシャットダウンしなかった場合と比較してどのような被害の違いがあったのかは今後の検証が待たれる。というのも、シャットダウンは世界中で社会的に弱い立場にある人間の解雇をもたらし、大企業よりも中小企業の経営を困難にさせた。もちろん、社会主義的ともいうべき、国庫の直接給付政策が各国でなされたが、それがどれほど貧困という社会的害悪に対して対抗できたのかについても、今後、検証されるべき問題であろう。

# 人獣共通感染症と越境性家畜感染症

執筆：髙田礼人

## ◎人獣共通感染症の世界的流行はなぜ

　20世紀以降、インフルエンザウイルス、エボラウイルス、ニパウイルス、ウエストナイルウイルス、ハンタウイルス、コロナウイルス、サル痘ウイルスなどの病原体による新興感染症が世界各地で発生しています（❶）。新型インフルエンザウイルスや新型コロナウイルスによる感染症は世界中に広がるパンデミックとなり、人類を脅かしてきました。新興感染症の多くは、野生動物由来のウイルスが家畜そして人の世界に侵入して引き起こす人獣共通感染症です。ウイルスが本来寄生している生物をそのウイルスの自然宿主と呼びます。人獣共通感染症ウイルスのほとんどが何らかの野生動物を自然宿主としています。自然宿主にとってそのウイルスはそれほど有害なものではありません。しかし、宿主の壁を乗り越えて他の宿主生物に伝播したときに、重い感染症を引き起こすことがあるのです。

　農地確保のための大規模な森林伐採は、自然界と人間社会との境界線を曖昧にし、人と野生動物との接点の増加をもたらしました。また、温暖化によって生じた近年の著しい地球環境の変化は、さまざまな動植物の生態や生息域に影響を与えています。これらの要因によって、本来野生動物が自然宿主として保有していた病原体が家畜および人に伝播する機会が増え、それが人獣共通感染症の多発を招く要因となっています。また、野生動物の肉を食べる習慣も人獣共通感染症の発生要因となります。

　さらに貿易のグローバル化とボーダーレスの国際交流によって、食肉、飼料、野生動物や愛玩動物などの取引や航空機による人の移動が活発化し、新たな人獣共

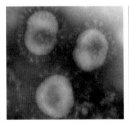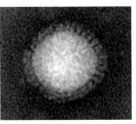

❶左から、風邪のウイルス（従来型のコロナウイルス）、インフルエンザウイルス、エボラウイルス

通感染症が発生地域にとどまらず短期間で世界中に拡散する危険が高まっています。2013年から2016年にかけて西アフリカ諸国で流行したエボラ出血熱や2019年に発生して現在も混乱が続いている新型コロナウイルス感染症の流行は、感染症には国境がないという当たり前の事実を私たちに再認識させることとなりました。

## ◎越境性家畜感染症の対策の難しさ

貿易と旅行者の増加にともなって、同様の問題は人獣共通感染症だけでなく、畜産業にとって脅威となる家畜の感染症にもおよんでいます。口蹄疫、豚熱、アフリカ豚熱、鳥インフルエンザなどのウイルス感染症は容易に国境を越えて感染が広がるため越境性家畜感染症と呼ばれています。越境性家畜感染症をひきおこす多くのウイルスは野生動物にも伝播し感染源となるため、対策を難しくしています。また、ダニなどの節足動物が媒介することもあります。人獣共通感染症と同様に、以前は発生地域にとどまっていたような家畜の感染症も、一気に世界に広がってしまう危険が高まっているのです。

ひとたび発生すると地域経済に大きな影響を与える家畜感染症には世界的な監視と対策が必要とされており、国際獣疫事務局（Office International des Épizooties: OIE）（※1）は重要度の高いいくつかの感染症を指定して、国際協調による対策強化を呼びかけています。

## ◎人・動物・環境の健康を一体としてとらえるアプローチ

世界的に問題となっている人獣共通感染症や越境性家畜感染症は、医学や獣医学といった個々の分野の努力だけでは解決することは困難です。人、家畜、野生動物および環境の健康は互いに関連し影響をおよぼし合っているからです。そこで、人、動物および環境の全ての健康を一体化してとらえるという「One World One Health」（※2）という考え方が提唱されています。医学、獣医学、農学、野生動物学、環境科学などの多くの分野の専門家が協力し、地球規模の包括的なアプローチによって対策に取り組むことが必要なのです。

人獣共通感染症と越境性家畜感染症の流行は食料問題と直結しています。今後も世界の人口はしばらく増え続けることが予想されており、それを支えるための農畜産物の生産と経済発展を続けながら、これらの感染症を克服するための対策を考えていく必要があります。

※1　現在の通称は、World Organisation for Animal Health（WOAH）
※2　一般には「ワンヘルス（One Health）」として知られている。

# 世界に広がる貧困・格差

## 経済成長はみんなを幸せにした？

執筆：池上甲一

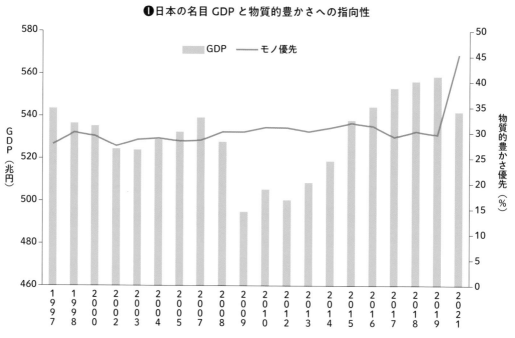

❶日本の名目 GDP と物質的豊かさへの指向性

出典：内閣府「国民経済計算」と内閣府「国民生活に関する世論調査」から筆者作成　注：世論調査は実施しない年次がある。

　経済成長はふつう国内総生産（GDP）で測ります。GDP というのは、1 年間にその国のなかで生み出された経済価値の合計です。ですから、GDP が増えるということはモノの生産が増えたり、新しい商品が登場したりすることを意味します。経済学では、人間はモノをたくさん消費すると幸せ感が大きくなると考えます。

　日本でも確かにある時期までは経済成長につれてみんなの効用が増大しましたが、21 世紀に入ってからは GDP の動きとモノの豊かさを求める傾向とはほとんど無関係になっています（❶）。しかし同時に、この期間は世界的にも経済的な格差が大きく広がっていく時期でもあります。豊かな人はますます豊かになり、貧しい人は経済成長の恩恵を受けることなくさらに貧しくなっているのです。

# 経済の金融化・バーチャル化が加速する富の偏在

クレディ・スイスという世界有数の銀行は毎年「世界の富レポート（Global Wealth Report）」を発表しています。「富レポート」では 2011 年以降、5000 万米ドル以上の資産をもつ人たちをウルトラリッチ（Ultra-high-net-worth individual） として把握しています。それによると、2011 年に 8 万 4700 人いたウルトラリッ

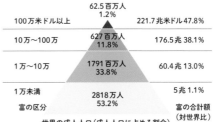

❷世界全体の富のピラミッド（2021 年）

| 富の区分 | 世界の成人人口（成人人口に占める割合） | 富の合計額（対世界比） |
| --- | --- | --- |
| 100万米ドル以上 | 62.5百万人 1.2% | 221.7兆米ドル47.8% |
| 10万〜100万 | 627百万人 11.8% | 176.5兆 38.1% |
| 1万〜10万 | 1791百万人 33.8% | 60.4兆 13.0% |
| 1万未満 | 2818万人 53.2% | 5兆 1.1% |

出典）Credit Swiss Research Institute (2022), Global Wealth Report 2022, p.21 から転載

チは 2021 年には 26 万 4200 人に増えています。国別ではアメリカがダントツの 11 万 4140 人、次が中国で 3 万 2710 人と続き、ほかにドイツ（9720 人）、カナダ（5510 人）、インド（4980 人） がトップ 5 に入ります。日本はインドとほぼ同じ 4870 人で第 6 位になります。2011 年には第 5 位の 3400 人でした。

これだけたくさんの人たちがちょっと想像のつかないほどの資産をもつようになったことで、富は世界からみればごく一部の人たちに偏るようになっています。2021 年では世界人口のわずか 1.2% の人たちが世界全体の富の半分近くを保有している一方で、ピラミッドの底になる人たちは世界人口の半分以上を占めるのに富のたった 1.1% しか保有していません（❷）。こうした状況は、世界経済の中心がモノの取引から金融や情報産業に移っていることで加速されています。金融関係の取引はバーチャル空間で行なわれています。金融化やバーチャル化が富の源泉になっていることは、フォーブス誌が毎年調べているアメリカの富裕者トップ 400 人の顔ぶれの変化を見ると一目瞭然です（❸）。

❸フォーブス誌による長者番付上位400人の所得源

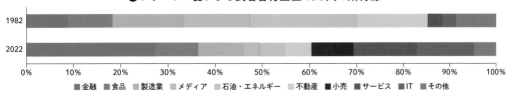

■金融　■食品　■製造業　■メディア　■石油・エネルギー　■不動産　■小売　■サービス　■IT　■その他

1982 年は Peter W.Bernstein & Annalyn Swan, 2007, All the Money in the World: Make and Spend Their Fortunes, New York, United States: Alfred. A.Knopf、2022 年は https://www.forbes.com/forbes-400/ より筆者作成

## 調べてみよう

☐ リーマンショックと新型コロナウイルスによる感染拡大では社会に与えた影響にどのような違いがあったのだろう。

地球の気候変動

生物多様性と農業

感染症

飢餓と肥満

都市化と食・農

紛争と難民

平和と食・農

未来への提言

# 世界の格差と貧困

解説 1

　格差の拡大は、21世紀に入ってから世界共通の課題として広く認識されるに至った。格差の指標はいくつかあるが、もっとも代表的なものはジニ係数である。格差が大きいほど数値は1に近づき、数値が0に近づくほど平等性が高い。この方法は所得だけでなく、資産や歳入などさまざまな場面で使うことができる。図に示したジニ係数（パーセント表示）の上位10カ国のうち中南米が7か国、アフリカが3か国で、中南米諸国の格差の大きさが目立つ。❹には同時に経済先進国のジニ係数も表示した。早くから新自由主義的な経済政策を行なってきたアメリカとイギリスで不平等が拡大しているのに対して、福祉政策を充実させてきた北欧諸国のジニ係数は30以下で、平等の程度が大きい。

　ところで、貧困層は世界のどこにどのくらい存在するのだろうか。まず、貧困には①絶対的貧困、②相対的貧困、③多元的貧困という3つの捉え方がある点に注意が必要である。①では一定の所得を貧困線と決めて、その水準以下の人びとを貧困として捉える。①は世界銀行が決めた国際的な貧困線（1日1.9米ドル未満、2022年末現在）に基づいており、国家間の比較に使う。②はある国の内部で所得の中央値の半分を基準としてその水準以下の人びとを貧困と捉える。③は教育や医療へのアクセスなどの要因も考慮して貧困を定義する。

　次に、貧困の程度はおもに絶対的貧困についての3つの指標によって把握されている。①貧困率は全人口に占める貧困層の割合で、一番よく使われる。②貧困ギャップ率は貧困線からどれくらい離れているのかを示す指標で、貧困の深さを表す。③二乗貧困ギャップ率は貧困層のなかの格差を示す指標で、貧困の深刻さを表す。❺は少し古いデータだが、①と②の地域的な差異を示している。世界全体の貧困人口は7億6800万人で、そのおよそ半分がサハラ砂漠以南のサブサハラ・アフリカに、3分の1が南アジアに住んでいる。貧困ギャップ率をみると、南アジアでは貧困線に近い水準で暮らす人が多いが、サブサハラ・アフリカでは貧困線よりもはるかに少ない金額で暮らす人が多いことがわかる。

**❹ジニ係数の上位10カ国と主な経済先進国の格差**

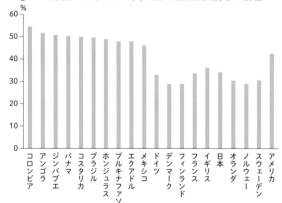

出典）World Bank, Data Bank より筆者作成、各国の最新年

**❺代表的な貧困指標の地域別比較**

| 地域 | 貧困人口<br>（100万人） | 貧困率<br>（%） | 貧困ギャップ<br>（%） |
|---|---|---|---|
| 東アジア・太平洋 | 73.9(9.6) | 3.7 | 0.7 |
| ヨーロッパ・中央アジア | 10.4(1.4) | 2.2 | 0.6 |
| ラテンアメリカ・カリブ | 30.1(3.9) | 4.9 | 2.3 |
| 中東・北アフリカ | 8.3(1.1) | 2.3 | 0.5 |
| 南アジア | 249.1(32.4) | 14.7 | 2.7 |
| サブサハラ・アフリカ | 390.2(50.8) | 41.0 | 16.0 |
| 世界 | 768.5(100.0) | 10.7 | 3.3 |

出典）Francisco, F., 2017, The 2017 poverty update from the World Bank（http://blogs.worldbank.org/developmenttalk）
（2017年12月22日アクセス）
注）2015年に世界銀行が決めた1日1.9米ドル以下で暮らす人たちが対象

**もっと学ぶための参考文献・資料**

●勝俣誠『娘と話す 世界の貧困と格差ってなに？』現代企画室、2016 年
●石井光太『格差と分断の社会地図』日本実業出版社、2021 年
●奥山忠信『貧困と格差──ピケティとマルクスの対話』社会評論社、2016 年

**解説 2**

# 日本の格差と貧困

　日本は経済的にみると、比較的平等な国だと長らく言われてきた。しかしこの言い分はもはや通用しなくなっている。あまり知られていないが、日本のウルトラ・スーパーリッチの数は先に見たように世界のトップクラスに位置している。その一方でほかの経済先進国と違って、実質賃金が 1997 年から現在まで低下傾向にある。多くの人たちは暮らすことに精いっぱいで、預貯金や株・債券の購入にまで手が回らずに資産を増やしようがない。

　経済的な格差の拡大は、経済構造の変化に大きく影響されている。バーチャル経済の比重が高まるにつれて、金融取引に長けた富裕層はますます多くの利益を得るようになった。その分だけ平均所得は大きくなるが、実感とは程遠い数値になる。むしろ、所得分布の真ん中に位置する中央値のほうが実感に近くなる（❻）。平均所得以下の世帯が 6 割以上を占めるからである。

　貧困の程度は経済状況と就業形態、ジェンダー、年齢にも左右される。2008 年のリーマンショックの折には製造業が不況に陥ったことで失業が急増し、東京や大阪などで炊き出し村や臨時宿泊所が設けられた。2020 年以降の新型コロナウイルスの感染拡大（50 ページ参照）は飲食業、観光業、運輸業、介護サービスに大きな打撃を与えた。これらの業種ではパートタイムや派遣労働、アルバイトなどの「非正規雇用者」が多く、しかも女性や高齢者の割合が高い。こうした人たちの多くが職を失い、貧困状態に置かれて食料の確保さえままならない状況が生まれた。各地の農協や直売所で行なわれた食料の無償配布によって、何とかしのいだ人たちも少なくない。こうした現象は労働形態の変化によって引き起こされた新しいタイプの貧困ということができる。

　こうした新しい貧困は、相対的貧困の指標からはなかなか読みとれない問題をはらんでいる。非正規労働は経営者にとって都合の良い「雇用の調整弁」として組み込まれており、労働の権利が保障されないままである。介護による長時間労働によって死亡したとしても、介護と同時に行なわれる「家事支援」は労働基準法の対象外だとして、労災が認定されなかったケースはこのことを端的に示している。

**❻所得金額階級別世帯数の相対度数分布からみる平均所得と中央値とのズレ**

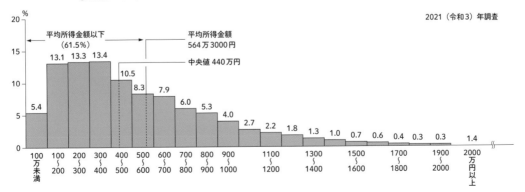

出典）厚生労働省「国民生活基礎調査」

# 飢餓と肥満は同根の問題

## 肥満に悩む日本に飢え死にはない？

執筆：池上甲一

❶「餓死」を報じる新聞記事
2020年12月22日：毎日新聞大阪夕刊1面

　日本では2020年度に、秋田県のお米の生産量よりも多い522万tの食品ロスが発生しました。こうした飽食の日本では肥満対策としてのダイエットに関心が向いています。しかし本当に餓死とは無縁なのでしょうか。

　「おにぎり食べたい」。これは2007年に北九州市で餓死した人が日記に書いたメモです。1個100円強のおにぎりさえ食べられなかったのです。最近では孤独死や「老老介護」で餓死するケースが目立っています（❶）。また新しい働き方として、非正規雇用やウーバーイーツの配達員のような自営型ギグワークが増えていますが、こうした人たちはちょっとした事故や病気で収入が途絶え、食事をとれなくなる危険性がついて回ります。つまり、餓死は現在の日本で誰にでも起こりうる問題なのです。

フードスタンプ、SNAP（補助的栄養支援プログラム）、セーフティーネット、飢餓問題、
食料援助、肥満、南北問題

# アメリカの食料不足対策

　飢餓というと、どうしてもアフリカなどのいわゆる途上国の問題で、日本などのい
わゆる先進国とは関係ないと思っている人が多いと思います。しかし、世界最大の食
料輸出国であるアメリカにも飢餓問題はあります。

　アメリカでは貧困層向けの食料不足対策として1964年にフードスタンプ制度を導
入しました。現在は「補助的栄養支援プログラム（SNAP）」と呼ばれています。だい
たいの目安として月収2500ドル以下の4人家族で、毎月1人あたり約100ドルのス
タンプがもらえます。このスタンプで買えるのは食料品だけです。申請後数日で利用
できます。この即応性は、生命にかかわる問題に求められる重要な特質です。受益者
は2013年の約4800万人から減少傾向にありましたが、コロナ禍のために2020年
から増え始め、2023年には4350万人になると予測されています（❷）。

　コロナ禍に対して、農務省は2020年にSNAPの支給金額をかさ上げしました。と
ころが、共和党の州知事は相次いでこのかさ上げ分の停止を決めました。インフレで
食料価格が急騰しているなかでのこうした措置は貧困層に打撃となりそうです。しか
も、働き方の変化がその影響範囲を広げる可能性があります。ある非営利メディアの
調査によると、アマゾンやウォルマートやマクドナルドなどでもSNAP受給者が急増中
です。大企業でもSNAPに依存せざるを得ない勤務形態が広がっているのです。

　SNAPはセーフティーネットとして重要
ですが、予算が多すぎると批判されること
もあります。SNAPは事業費ベースで、農
務省予算の4割強を占めています。しかし、
食料の確保は国が保障すべき一番基本的な
生存権です。アメリカではほかにも学校給
食（朝食、昼食）への支援など、セーフティー
ネットの仕組みが充実しています。

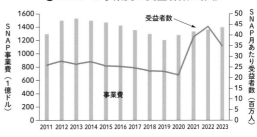

**❷ SNAPの事業費と受益者数の推移**

出典）USDA, United StatesDepartment of Agriculture Budget
Summary 各年次から筆者作成
注）2022年は概数、2023年の事業費は予算、受益者数は推定値

## 調べてみよう

- ☐ 近年、日本で発生した餓死についての報道をさがしてみよう。
- ☐ セーフティーネットの仕組みにはどんなものがあるだろうか。

解説
1

# 飢餓と肥満はつながっている

　10月16日は国連が定めた世界食料デーで、また5月28日はNGOが始めた「世界飢餓の日（World Hunger Day）」である。SDGsの第2目標は飢餓の撲滅である。このように飢餓は世界全体の重要な共通課題として位置づけられている。国連食糧農業機関（FAO）によると、飢餓とは「食事によるエネルギーを十分に摂取できないために起こる」身体の異常である。世界保健機関（WHO）は食料不足とともに5歳未満の低体重児童および死亡率からなる世界飢餓指数を推計している。FAOはカロリー供給（農業生産）の面から飢餓をとらえるが、WHOは食べる側、しかも子どもの健康に焦点をあてている。

　世界の飢餓人口は1990年代に10億人を超えていたが、2010年ごろまで漸減して6億人程度になった。しかしその後の10年間はほとんど横ばいだった。さらに悪いことにはコロナ禍で増加に転じ、2021年には8億人水準に戻ってしまった。現在は南アジアが最大の食料不足地帯であるが、しだいにサブサハラ・アフリカ（サハラ砂漠より南の地域）の比率が高まりつつある。これらの地域は貧困地域と重なっており（58ページ参照）、飢餓と貧困が密接に結びついていることがわかる（❸）。

　食料不足は飢餓と同時に栄養不良を引き起こす。栄養不良というのは栄養不足だけでなく、栄養過多、栄養バランスの崩れ、ビタミンやミネラルの不足なども含む。ここでは栄養過多による過体重（肥満）に絞る。WHOによると、肥満度を示すBMIが25以上の人の割合が半分以上を占める国は、対象国187カ国のうち実に112カ国を占める（❹）。「先進国」以外にも、「途上国」のラテンアメリカ・カリブや中近東の国が多くなっている。サブサハラ・アフリカにも40%以上の国が複数存在する。問題なのは高カロリーの肉食が多い「先進国」だけでなく、食料不足・低所得の「途上国」でも肥満が広がっていることである。

　その理由を考えるのに、ドキュメンタリー映画の『スーパーサイズ・ミー』が格好の素材となる。この映画は、モーガン・スパーロック監督自身が1カ月間3食ともファストフードを食べ続けた時の

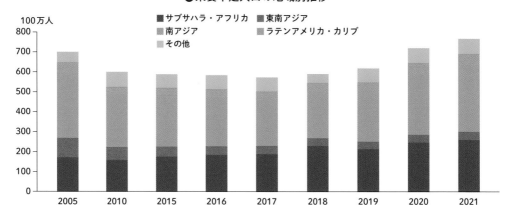

**❸栄養不足人口の地域別推移**

出典）FAO, IFAD, UNICEF, WFP and WHO. 2022. The State of Food Security and Nutrition in the World 2022. Roma, FAO

**もっと学ぶための参考文献・資料**

● エリック・ミルストーン、ティム・ラング（大賀圭治 監訳）『食料の世界地図第2版』丸善出版、2009年
● 村田武 編著『食料主権のグランドデザイン』農文協、2011年
● ラジ・パテル『肥満と飢餓──世界フード・ビジネスの不幸のシステム』作品社、2010年

地球の気候変動

生物多様性と農業

感染症

飢餓と肥満

都市化と食・農

紛争と難民

平和と食・農

未来への提言

変化を記録したものである。結果として、体重と体脂肪率が大幅に増加した。このことは、「途上国」の肥満の背景にある構造的な問題、つまり低い所得で買える安い食料を大量に食べ続けざるを得ないという状況を暗示している。「途上国」は飢餓だけでなく、肥満も抱え込み、いわば二重の負荷を余儀なくされているのだ。

**❹過体重者（肥満＝BMI 25以上）の比率別国の数**

| BMI25以上の人口割合 | 国の数 |
| --- | --- |
| 20% – 29% | 43 |
| 30% – 39% | 21 |
| 40% – 49% | 11 |
| 50% – 59% | 62 |
| 60% – 69% | 39 |
| 70% – 79% | 6 |
| 80%〜 | 5 |
| **計** | **187** |

WHO, Prevalence of overweight among adults,
BMI >= 25 (age-standardized estimate) (%) より作成

## 解説2 つくられた食料危機と飢餓問題

　飢餓人口は南アジアとサブサハラ・アフリカ（サハラ砂漠より南の地域）に集中しているが、南アジアでは漸減傾向にあるので、今後の飢餓問題の焦点はサブサハラ・アフリカに置かれることになるだろう。それではなぜ、サブサハラ・アフリカで飢餓が深刻化しているのだろうか。内戦、干ばつ、洪水といった外的な要因以外に、しばしば「遅れた農業」のせいだと主張される。本当にそうだろうか。

　サブサハラ・アフリカの農民たちは本来、その地域の自然条件や社会文化条件に合わせて、リスクの最小化を目指してきた。その結果、多数の作物をうまく組み合わせる「混作」や干ばつに強い雑穀類やイモ類を中心に、サステナビリティの高い農の営みを形成してきた。それが崩されたのは特にヨーロッパ列強による植民地化以降のことである。植民地化は特定国ごとに、コーヒーや紅茶やカカオといった輸出向けの飲料作物に特化する農業を生み出した。その影響は現在まで続いている。たとえばケニアは紅茶、タンザニアはコーヒー、ガーナはカカオといった具合である。

　こうした歴史的条件に加えて、世界の自由貿易体制の広がりが飲料作物優先の農業構造を強化してきた。しかしこのような貿易は食料生産の停滞と同時に、経済的発展も制約する。安い熱帯飲料作物を輸出し、代わりに付加価値の高い工業製品を輸入することになるので、どうしても輸入赤字になってしまうからである。このため、原材料を輸出する「途上国」と最終製品を輸出する「先進国」との間の格差がますます広がってしまう。このことを南北問題という。

　さらに食料援助が、飢餓を増幅するという複雑な問題もある。食料援助は天災などの緊急時に人道的な見地から行なわれる。その限りでは大きな意義を持つ。ところが、援助を受けた地域で生産されたり食べられたりしている食料が援助されることはめったにない。もともと生産の少ない小麦やパンなどの小麦製品が中心である。これは、食料援助が小麦生産国＝「先進国」による市場拡大に向けた食料戦略の一環をなしているからにほかならない。緊急事態が終わっても、「先進国」の小麦の輸入は続く。「先進国」の補助金で、価格が見かけ上安くなっているからだ。そうなると、国内の食料生産が価格的に競争できなくなり、食料生産基盤が弱体化し、地域の市場が崩壊してしまう。その結果、食料輸入依存国に転換し、食料の確保が国際価格の変動に左右されるたいへん脆い国になってしまうのである。

# 世界は貧困と飢餓に
# どう立ち向かってきたのか

## 貧困と飢餓は
## なぜなくならないのでしょうか？

執筆：藤掛洋子

❶地域別の主要4作物の需給状況の見通し（小麦、トウモロコシ、米、大豆）

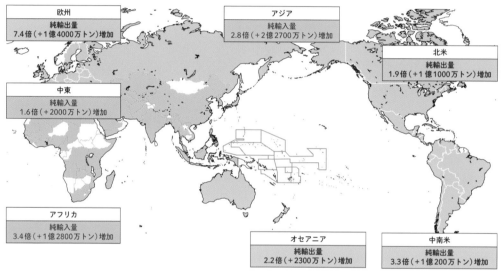

欧州
純輸出量
7.4倍（＋1億4000万トン）増加

アジア
純輸入量
2.8倍（＋2億2700万トン）増加

北米
純輸出量
1.9倍（＋1億1000万トン）増加

中東
純輸入量
1.6倍（＋2000万トン）増加

アフリカ
純輸入量
3.4倍（＋1億2800万トン）増加

オセアニア
純輸出量
2.2倍（＋2300万トン）増加

中南米
純輸出量
3.3倍（＋1億200万トン）増加

資料：農林水産省「2050年における世界の食料需給見通し」を一部改変。
注：1）純輸出入量は生産量と需要量の差により算出しており、純輸出入量がプラスの時は輸出、マイナスの時は輸入となる。
　　2）色つきの国は、本見通しの対象国である。そのうち、緑色は2050年において輸出超過となる地域の国であり、
　　　橙色は輸入超過となる地域の国である。

　飢餓とは長期間にわたり食べられないために栄養不足となって、健康で社会的な活動を行えない状況を指します。第二次世界大戦後の世界的な食料不足により人々は飢餓や栄養不足に苦しんできました。

　1948年にガット（※1）が発足すると、国際分業が推進されるようになり、途上国では輸出向けにコーヒーや綿花などの作物だけをつくるモノカルチャーが拡大し、代わりに小麦などの食料を輸入に依存する体制が生まれました（❶）。一方、伝統的な食料生産のための自給自足経済は崩壊し、むしろ飢餓になりやすい状況が生まれました。しかもコーヒーや綿花の国際価格が暴落すると、外貨を獲得できず、途上国は小麦などの食料を輸入できなくなり、飢餓状態に追い込まれてしまいます。こうした資本主義的な食料システムの確立が今日まで続く飢餓と貧困の大きな要因です。

ジェンダー、隠れた飢餓、プラネタリー・ヘルス・ダイエット、フードシステム

# 飢餓と貧困に立ち向かうための
# プラネタリー・ヘルス・ダイエット

資本主義的な食料システムの下では、農民たちはいくら安くてもコーヒーや綿花をつくり続けないと現金収入を得られませんが、生産費をカバーできないほどの価格のためますます貧しくなりがちです。一方、食料生産の仕組みは崩れているので、輸入小麦でつくられるパンを買う必要がありますが、一年中買い続けるほどのお金は稼げません。こう考えると、飢餓と貧困は国際社会によりつくられたといえることがわかるでしょう。

途上国では、特に女性や子どもたちが脆弱な状況におかれています。この状況を改めるための国際的な取り組みを推進するひとつの組織が「食べ物と地球と健康に関するイート・ランセット委員会」です。この委員会は「プラネタリー・ヘルス・ダイエット」（❷）を推奨しています。そこでは１皿の約半分を野菜と果物で占めるようにし、残りの半分は主に全粒穀物、マメ科植物（豆、レンズ豆、エンドウ豆）やナッツ類などの植物性たんぱく質、オリーブオイルなどの不飽和植物性オイル、そしてオプションとして高品質の動物性たんぱく質を少量で控えめに摂取することを基本としています。砂糖の添加やトウモロコシ、ジャガイモ、米などのでんぷん質の主食は最小限に抑えるというものです。いくつかの欠点はあるものの、イート・ランセット委員会報告書で示されたこの食事法は影響力があり、ほとんどの国の食生活指針で推奨されるものになっています（※ 2）。特筆したいのは、この食生活だと途上国の農家の庭先でも作れるような野菜と果物、マメ科植物で構成されていることです。

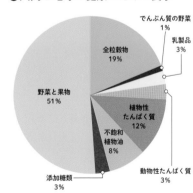

❷人間と地球の健康のための食事

でんぷん質の野菜 1%
乳製品 3%
全粒穀物 19%
野菜と果物 51%
植物性たんぱく質 12%
不飽和植物油 8%
添加糖類 3%
動物性たんぱく質 3%

W. Willett et al., "Our Food in the Anthropocene: The EAT-Lancet Commission on Healthy Diets from Sustainable Food System," The Lancet 393, no.10170 (2019): 1-47.

## 調べてみよう

☐ 国際分業により世界の食料事情はどのように変化したのでしょうか？

☐ 国際社会は「つくられた飢餓」に対して
どのような対応しているのでしょうか？

※ 1　ガット：「関税及び貿易に関する一般協定」（GATT：General Agreement on Tariffs and Trade）
※ 2　ジェシカ・ファンゾ（國井 修・手島祐子訳）『食卓から地球を変える — あなたと未来をつなぐフードシステム』日本評論社、2022 年

地球の気候変動
生物多様性と農業
感染症
飢餓と肥満
都市化と食・農
紛争と難民
平和と食・農
未来への提言

# MDGs と SDGs の成果と課題

　国連は 2000 年に「ミレニアム開発目標（MDGs）」を定め、途上国の貧困と飢餓の克服をおもな追求目標とした。MDGs は 2015 年に終了し、多くの開発地域において成功をもたらした。とはいえ、MDGs 達成に必要な資金不足は策定時より懸念されていた。そこで、2002 年には ODA 増額を目的とする国連主催の「開発資金に関する国際会議」（モンテレー会議）が開催された。この会議は、冷戦終結後に減少方向にあった世界の ODA 総額を増加に転換させるきっかけとなった（※ 3）。そうした努力の結果、2015 年までに飢餓に苦しむ人口の割合を 1990 年の水準の半数に減少させるとした目標 1 の「極度の貧困と飢餓の撲滅」については、まだら模様ではあるが大幅に減少する地域も出てくるという成果をあげることができた（❸）。

　MDGs で得られた結果をもとに、その後継となる「持続可能な開発目標（SDGs）」が 2015 年 9 月の国連総会で採択された。SDGs では、貧困に次ぐ目標 2 として「飢餓をゼロに」が掲げられている。ここでは「飢餓を終わらせ、食料安全保障及び栄養改善を実現し、持続可能な農業を促進する」というテーマのもとに 8 の下位目標がある。

　しかしながら、貧困と飢餓は国際分業やモノカルチャー産品の輸出、政治、紛争など複雑な構造がからみあった問題である。また、早くも 1970 ～ 80 年以降には栄養転換がおき、多くの国と地域で「栄養不良の二重負荷（Double Burden of Malnutrition）」が指摘されるに至った。グローバリゼーションが深化し、ファストフードが広がり、カロリーだけは十分摂取するため過体重になるが、他の栄養素やミネラル類が不足して栄養失調に陥るという、従来とは違う形態の飢餓、すなわち慢性的な栄養不足が発生するようになった。肥満を促す食環境の輸出であるとも言われている。

　食べ物は個人や集団の健康を守るのみならず、地球の天然資源や気候変動、社会構造にも直接大きな影響を与えている。私たちは、飢餓と貧困が政治や紛争などの社会問題とも密接にからみあっていることを理解するとともに、どのような流れで食べ物がつくられているのかというフードシステムを理解する必要がある。また女性がいるからこそフードシステムが機能していることも理解する必要がある。そして、何を食べることが必要かを考える力であるフードリテラシーを社会全体で獲得することを通し、食卓から世界を変え、プラネタリー・ヘルス・ダイエット（❷）を実現していく必要がある。

### ❸ MDGsの第Ⅰ目標の地域別達成状況

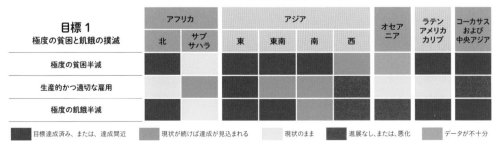

| 目標 1<br>極度の貧困と飢餓の撲滅 | アフリカ | | アジア | | | | オセアニア | ラテンアメリカカリブ | コーカサスおよび中央アジア |
| --- | --- | --- | --- | --- | --- | --- | --- | --- | --- |
| | 北 | サブサハラ | 東 | 東南 | 南 | 西 | | | |
| 極度の貧困半減 | | | | | | | | | |
| 生産的かつ適切な雇用 | | | | | | | | | |
| 極度の飢餓半減 | | | | | | | | | |

■ 目標達成済み、または、達成間近　■ 現状が続けば達成が見込まれる　□ 現状のまま　■ 進展なし、または、悪化　■ データが不十分

情報源：FAO、IPU、ILO、ITU、UNESCO、UNISEF、WHO、UNAIDS、UN – Habitat、世銀により提供された 2015 年 6 月現在のデータおよび推計
編集：外務省国連経済社会局統計部

## もっと学ぶための参考文献・資料

● W.Willett et.al., "Our Food in the Anthropocene: The EAT-Lancet Commission on Healthy Diets from Sustainable Food System," The Lancet 393, no.10170 (2019):1-47.
●ジェシカ・ファンゾ（國井修・手島祐子 訳）『食卓から地球を変える—あなたと未来をつなぐフードシステム—』日本評論社、2022 年

# 解説2 飢餓と貧困におけるジェンダー
## ── 南米パラグアイ共和国での取り組みから

　世界を見渡すと農業に責任をもつのには女性が多く、飢餓と貧困において脆弱性が高いのも女性と子どもである。筆者は、南米パラグアイ共和国において農村女性とともに生活改善プロジェクトを実施している。プロジェクトの目的は、女性たちに誇りをもって森の番人として農業を営んでもらい、農村地域にある資源を活用し、地産地消や、農業生産から食料消費までを地域のなかでつなぐアグリフードネットワークを機能させ、農村女性たちの所得を向上させることである。

　イギリスの社会学者マキシン・モリニューは、女性たちの利害が実際的利害関心と戦略的利害関心の２つに分かれることを指摘した。アマルティア・センは、財を活用するケイパビリティ（能力）の重要性を指摘している。これらのフレームを援用し、筆者が考案したエンパワーメントモデルを用い、女性たちの潜在能力を引き出すステップ・バイ・ステップアプローチを採用し（❹）、アグリフードネットワークを構築している。またプロジェクト評価は、物質的なものと女性たちのエンパワーメントという非物質的なものの両面をみている。

## ❹女性のエンパワーメントに向けた ステップ・バイ・ステップアプローチ

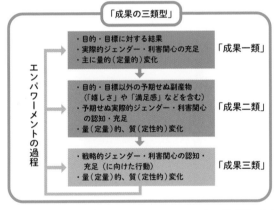

出典）藤掛洋子（2008）「農村女性のエンパワーメントとジェンダー構造の変容 ── パラグアイ生活改善プロジェクトの評価事例より」『国際ジェンダー学会誌』vol.6:101-132

　パラグアイの農村女性たちは、地域の資源を有効に活用するための技術習得機会に恵まれなかったが、プロジェクトを通し、村にある野菜や果物を使い加工食品をつくりたい、子どものための学校を建設したいといった実際的利害関心を認知・充足していった。また、戦略的利害関心である家庭内暴力やリプロダクティブ・ヘルス／ライツの認知と充足もしていった。さらに、農村の子どもたちの教育を充実させるために現地で活動する認定 NPO 法人ミタイ・ミタクニャイ子ども基金と連携し、学校を建設するとともに、教育改善や新型コロナウイルス感染症対策のために学校に手洗い所の設置などを行なっていた。農村女性たちは小さな成功を積み上げていくなかで、エンパワーメントを達成するとともに村に存在する構造的なジェンダー問題に気づき、男性優位（マチスモ）思想のなかで構築されてきた村の男性たちとの対話をとおし、村社会のジェンダー規範をコミュニティメンバーとともに変革していった。　パラグアイの農村女性たちは果物や野菜を栽培し、家畜を飼育し、搾った乳からチーズをつくるなど自然と共生している。農村の自給自足経済を守り、公正な食料・農業システムを構築するためには農業の根本的な変革と農村の人々が食糧や栄養、農業に関するより多くの知識を獲得し、農業の多様性を復活させることが必要である。

※3　黒田かをり「現行 MDGs からの教訓 ── ポスト MDG に向けて」『国際開発研究』.23（2）、11- 22、2014

地球の気候変動

生物多様性と農業

感染症

飢餓と肥満

都市化と食・農

紛争と難民

平和と食・農

未来への提言

# 「食堂」が与えてくれるもの
## ——日本でも広がった子ども食堂とフード・バンク

# 食堂は食べるだけの場所?

執筆：湯澤規子

❶地域の人たちとの出会いの場所でもある子ども食堂

　あなたにとって、「食堂」とはどのような場所でしょうか。「ごはんを食べるところ」と答える人が多いかもしれませんね。でも、食堂は食べる以外のことをする場所でもあります。たとえば、テーブルを囲んで家族や友達とおしゃべりをしたり、ゲームをしたり、宿題をしたり、絵を描いたり、ほおづえをついて悩んだり、うたた寝をすることもあるでしょう。最近みなさんの身近に誕生した子ども食堂に行ったことがある人は、そこで地域の人たちと出会い、関わるようになっているのかもしれません（❶）。

　このように、「食堂」は食べる場所というだけでなく、話し、あそび、学び、つながり、何かが生まれる場所でもあるのです。

# 社会の課題を解決する食堂
## ―― 胃袋を満たすための社会のしくみ

右の写真は、今から約80年前の大阪で撮影された「母子栄養食堂」です（❷）。食堂の中の様子をみると、小さな子どもたちや、赤ちゃんをおんぶし、抱っこしているお母さんたちが大勢で食卓を囲んでいます。笑顔もあり、なごやかな雰囲気でごはんを食べている様子は、現代の子ども食堂とよく似ています。

❷大阪の母子栄養食堂。大阪府社会事業連盟『母子栄養食堂に関する報告書』1937年、大阪府社会事業連盟より

今も昔も、経済の変化や災害などによって十分に食べられず、健やかな毎日を送れなくなることがあります。今から約100年前には、お米の値段が上がったり、関東大震災が起こったりしました。この母子栄養食堂は、そうした社会課題を解決するために、市や社会事業団体が協力して立ち上げ、運営していたものです。

約100年前の日本では都市や工場にたくさんの人が集まるようになり、その人たちの胃袋を満たすための食堂ができました。おかずを選んで食べられる「一膳飯屋」、市や町が運営する安価な「公営食堂」、貧富の差が生まれる社会でも食べものを誰もが手に入れられるように生まれた「簡易食堂」などです。簡易食堂は職業訓練や仕事道具の貸し出し、相談窓口なども兼ね、人びとの暮らしを支える場所となっていました。毎日、毎食、大量の食事を準備しなければならない工場では、いくつかの工場がお金を出しあって「共同炊事」というしくみを整えました。現在の給食センターの始まりです。共同炊事は農村でも行なわれ、農作業が忙しい時期の助けになりました。

社会全体で誰もが日々の食べものにアクセスできるしくみをつくる。それは現代社会でも重要な課題です。フード・バンクの世界的広がり、子ども食堂の始まりと広がりなどもまた、そうした課題を解決しようとする取り組みにほかなりません。

## 調べてみよう

- ☐ 地域のなかの子ども食堂に行って、話を聞いてみよう。
- ☐ 「食べること」にまつわる思い出をいろいろな人に聞いてみよう。
- ☐ 給食から、食べものと地域や社会のつながりについて考えてみよう。

地球の気候変動

生物多様性と農業

感染症

飢餓と肥満

都市化と食・農

紛争と難民

平和と食・農

未来への提言

# 「食」から始まる社会課題への取り組み
## —— フード・バンクとは何か？

　生きている限り、誰もが無関係ではいられない「食」だからこそ、日本各地や世界各国で「食」から社会課題を解決しようとする取り組みが展開している。

　その代表的な取り組みの1つがフード・バンクである。直訳すれば「食料銀行」という意味であるが、預かるのは「まだ十分食べられるけれども、売り物にはならないため、捨てられていた食料」などで、「食品ロス」とも呼ばれている。農林水産省の推計によれば、2020（令和2）年度でその量は年間522万tにものぼる。これは1人当たり、毎日、お茶碗1杯分のごはんを捨てている量に相当する。

　大量生産と大量消費が進んだ社会において、こうした食料ロスが膨大になる一方、貧困などの理由で十分な食料を手に入れることができない人たちも増加している。フード・バンクはその両者をつなぎ、余ってしまう食料を、必要としている人に届けるしくみである。発祥の地であるアメリカ合衆国では40年以上の歴史があるが、日本では、ボランティアやNPO法人の活動を中心に、ようやく広がり始めたところである。フード・バンクの食料は、必要としている人に直接届けられることもあれば、子ども食堂の料理の材料となることもある（❸）。コロナ禍ではフード・パントリー（食材庫）という活動を通して配布されることが増えた。地域の状況に合わせた取り組みが展開している。

　国連食糧農業機関（FAO）では「すべての人が健康で豊かな人生を送るために、必要な栄養と嗜好を満たす、安全で栄養のある食べものを、いつでも十分な量、得ることができる」ことを「フード・セキュリティー」のある状態と定義している。それを実現する取り組みの1つがフード・バンクなのである。

　日常的に大量の食品ロスが発生する背景についても探究を深めておきたい。日本では、賞味期限や消費期限になる前に、店頭から商品を撤去しなければならない流通のしくみがある。また、消費者が求める食料の規格が厳しく、少々形が崩れた野菜や箱がへこんでしまった製品などが、品質に問題はなくても廃棄されやすいことも、食品ロスを生み出す原因になっている。

**❸フード・バンクなどのしくみ**

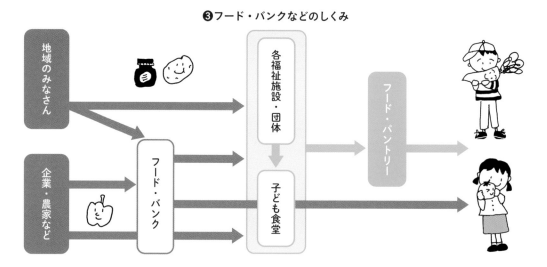

もっと学ぶための参考文献・資料

●大原悦子『フードバンクという挑戦 ── 貧困と飽食のあいだで』岩波現代文庫、2016年
●湯浅 誠『つながり続ける こども食堂』中央公論新社、2021年
●湯澤規子『胃袋の近代 ── 食と人びとの日常史』名古屋大学出版会、2018年

解説
2

# 多機能化する地域の食堂
## ── 子ども食堂の広がり

　子ども食堂とは、「子どもが一人でも行ける無料または低額の食堂」で、地域によっては「地域食堂」、「みんなの食堂」という名前で、子どもたちに限らない人々が集い、食事を中心に据えた、さまざまな活動が展開する場になっている。フード・バンクやフード・パントリーが世界各地で展開していることに対して、子ども食堂は日本独自のセイフティ・ネットとして2012年頃に始まった。それ以後の10年間で全国に広がり、増加し続けている。

　認定NPO法人全国こども食堂支援センター「むすびえ」および「地域ネットワーク」の調査によれば、2021年12月現在、その数は全国で6000カ所にのぼっている（❹）。その運営主体は「任意団体（市民活動）」が42.9％と最も多く、NPO法人（16.2％）、個人（13％）がそれに続いている。主な目的で最も多いのは「食事提供」と「居場所づくり」である。それに加えて、「ひとり親家庭の支援」「多世代交流」「地域づくり・まちづくり」「生活困窮家庭の支援」などが挙げられている。

　つまり、「食堂」が多機能化し、子どもたちに限らない、多世代に関わる取り組みが展開しているのである。それは、自助でも、公助でもない、そのあいだにある「共助」の世界の広がりでもある。具体的に言えば、「食べること」を中心に据えつつ、さまざまな担い手の協働によって、私たちが少しでも生きやすく、健やかに過ごせる社会を構築していく取り組みが多彩に展開し始めているといえる（❺❻❼）。

### ❹子ども食堂数の推移

（カ所）

```
7000
6000                                    ▇
5000                                ▇  ▇
4000                            ▇  ▇  ▇
3000                            ▇  ▇  ▇
2000  ┌────────┐            ▇  ▇  ▇
1000  │子ども食堂│        ▇  ▇  ▇  ▇
      │の発足   │    ▇   ▇  ▇  ▇  ▇
   0  └────────┘
     2012      2016  2018      2021年
```

認定NPO法人全国こども食堂支援センターむすびえ、ネットワーク調査により作成

❺食品ロスになる野菜を調理する

❼子どもの居場所となる

❻多世代で食べる

地球の気候変動

生物多様性と農業

感染症

飢餓と肥満

都市化と食・農

紛争と難民

平和と食・農

未来への提言

# みんなが都市に住むのは良いこと？

執筆：古沢広祐

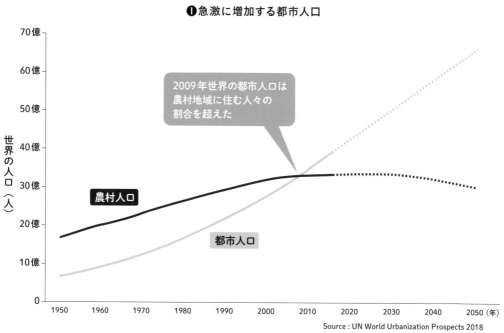

❶急激に増加する都市人口

2009年世界の都市人口は農村地域に住む人々の割合を超えた

農村人口

都市人口

Source : UN World Urbanization Prospects 2018

出典：Iman Ghosh　Mapped: The Dramatic Global Rise of Urbanization (1950–2020)
https://www.visualcapitalist.com/map-global-rise-of-urbanization/

　都市にまとまって住んだほうが、生活のうえでも便利ですし、行政サービスのうえでも効率がよいと考える人も多いでしょう。でも都市集中のメリットの一方で、新型コロナのパンデミック（世界的感染爆発）やストレス過多の生活といったように、デメリットも無視できません。さらに心配なことは、生きるうえで必須不可欠の食料供給を考えた場合、消費中心の都市空間だけが肥大（過密）化すると、農山村の過疎化による農業の衰退や、食料安全保障・国土保全の面でも不安になります。

　日本のみならず世界的に都市集中（都市爆発）が起きており、その弊害に目をむける必要があります。長期的で総合的な視点（生活の多面的豊かさ）から、都市化の過度な進行は見直すべきではないでしょうか。

都市集中、パンデミック、食料自給率、グローバリゼーション、国土保全

# 都市化する世界 ── 誰が食を生産・供給する？

　世界人口は1950年から2020年の70年間で3.1倍（25億人→77.6億人）に増加しました。同じ期間に、都市人口は5.8倍（7.5億人→43.6億人）と総人口の増加率の2倍近い勢いで増えています。都市化が進行する世界、都市人口の爆発的増大は、先進工業国から途上国に移りつつあります。成都（中国）、アフマダバード、ハイデラバード（インド）、ラホール（パキスタン）、ラゴス（ナイジェリア）、キンシャサ（コンゴ民主共和国）、ボゴタ（コロンビア）といった、今後人口が急増すると予想される世界の巨大都市のほとんどが新興国や途上国に位置しています（※）。

　人口の増大と食料事情の向上のなかで、食料生産を担ってきた農村人口は、日本や先進工業国ではいち早く減少し、世界中でも減少か横ばいとなって増えていません。誰が食料を生産して供給するのでしょうか？ 縮小・停滞する農村、拡大し続ける都市、というのが現代の世界です。こうした傾向の行き着く先はどうなるのでしょうか。日本のみならず世界中で農業の担い手が減り農村が縮小していく、この先行きが心配になりませんか。

　農業の生産性の向上（省力化・効率化）、機械化、施設（工業）化の進展、そして将来的にバイオテクノロジーへの期待などで、都市に住む消費者に安全で健康的な食料を十分に供給できると考えてよいのでしょうか。公害や環境問題などの過去の歴史をふりかえると、それは楽観視できないように思います。

　日本では農家数の減少と高齢化が進み、食料自給率（カロリーベース）は4割弱となりましたが、食料供給の過半を海外に依存することで豊かな食卓が維持されています。しかし、世界の食料事情については不安定要因が高まっています。気候変動、コロナ危機、そしてロシア・ウクライナ戦争（2022年2月24日勃発）など、供給不安を払拭できないのが昨今の状況です。海外から安く自由にいくらでも食料が入手できるかどうかは、次第に不透明になってきているのです。

## 調べてみよう

- ☐ 都市に人口が集中しすぎると、どんな問題点があるだろうか。
- ☐ 2030年までに都市人口が飛躍的に増えるのはどんな国々か。
- ☐ 人口集中と分散のメリットとデメリットを、比較してみよう。

地球の気候変動

生物多様性と農業

感染症

飢餓と肥満

都市化と食・農

紛争と難民

平和と食・農

未来への提言

# 都市化を加速するグローバリゼーションの見直し
―― コロナ後の世界とは？

　もともと人類の歩みは、長らく感染症との戦いの歴史であった。移動をともなう狩猟採取に頼る少集団、分散型居住形態では、感染症の脅威はそれなりに抑えられてきた。しかし約1万年前からの農耕の始まりと都市の形成によって、人口の増加と集中が進む過程で、感染症は恐ろしい脅威として人類を悩ませてきた。公衆衛生や近代医療、抗生物質・ワクチンの開発により、一時は感染症が克服されたかに思われたが、新型コロナのパンデミックによって楽観論は消え失せている。

　今回の感染症は、現代のグローバル社会にまさしく適合（フィット）して数カ月間で世界全体を覆いつくした。それは、急拡大してきたグローバリゼーションへの警鐘であり、世界の発展のあり方への質的転換ないし構造変革を迫る出来事といえるだろう。

　世界が経済的利益と効率を追究した結果、グローバルな巨大世界都市の形成を頂点にして周辺地域が従属的に「中心‒周辺」として編成されてきたのだった。こうした世界のあり方への反省が生じつつある。長年、一方的に人口流入が続いてきた東京の人口が微減ないし停滞する事態がおきている。都市封鎖がおきたコロナ禍において、世界的に家庭菜園や自給菜園がブームとなり、手づくり・家庭料理などが盛んになった。過密通勤を回避する在宅勤務、オンライン会議や通販ショッピング、大都会オフィスの見直し、地方移転や移住などに見られるように、デジタル経済（DX）の進展と相まって社会や生活スタイルの見直しが始まっている。

　地域の魅力を実感するには、従来の大型観光ではなくローカルな地域性（身近な価値の再発見）に着目したマイクロツーリズムも生まれている。農山漁村と都市の互いの利点を補い合う関係のうえに、自立・分権・コミュニティ重視の「グ・ローカル」社会の形成として、第1次産業を基本におく多元的価値を実現する自然共生社会の可能性が期待されている。

　一極集中、無限成長・拡大型システムから、分権・自立システムへの軌道修正（脱巨大都市化）、個人主義的な物的消費による拡大・膨張経済から、適正規模のコミュニティ経済へと、産業構造の再編成が求められている。利己・自己中心から社会配慮・公正や協働的価値の重視へ、発展様式の転換に向けた模索が進んでいる。

# 持続可能な都市と農村の再編成へ

　価値の画一化（モノカルチャー）が進み、地域と風土に根づいてきた多種多様な（マルチ）カルチャーとしての地域文化や地域の小農民の存在が消失しつつある。そして社会・文化の多様性のみならず、その土台である自然の多様性（生態系・種・遺伝子）までも消し去ってきたのが従来のグローバリゼーションの結果である。こうした世界的傾向に警鐘を鳴らすべく、国連の「小農の権利宣言」（小農と農

もっと学ぶための参考文献・資料

●「日本の里山・里海評価（2010）」『里山・里海の生態系と人間の福利：日本の社会生態学的生産ランドスケープ：概要版』、国際連合大学東京
●古沢広祐『食・農・環境とSDGs──持続可能な社会のトータルビジョン』農文協、2020年

村で働く人びとの権利に関する国連宣言、2018年）や国際家族農業年（2014年）とそれに続く「国連家族農業の10年」（2019〜2028年）の取り組みが生まれている。

コロナ危機は、まさしく都市一極集中化するグローバル世界への直撃であり警告でもある。この警告に応えるべく、私たちは化石燃料などの地下資源の大量消費で成り立つ巨大都市に象徴される産業社会（グローバル・テクノトピア）からの転換が迫られている。それには、国土保全と防災的な観点を加味した農山漁村の活性化政策（条件不利地域への所得補填など）を進める必要がある。過疎・高齢化で地域の存続が危ぶまれるなかで、一部の地域では都会からの移住促進や関係人口（都市・農山漁村交流）の形成によって活力を取り戻す兆しも生じている。

世界の動向を大きな見取り図として展望してみよう（❷）。図は、縦軸（上下）にグローバル化とローカル化が配置され、横軸（左右）に技術活用・自然改変と適応・自然共生が配置されている。その内容をみてのとおり、未来社会のビジョンとして、4つの姿が描かれている。大きく見て、その行き着く目標が「グローバル・テクノトピア」へと向かうのか（左上）、その対極に位置する「里山・里海ルネッサンス」へ（右下）と方向転換の舵をとるのか、どちらの方向を重視して私たちは未来を形成していくのだろうか。現状は、「グローバル・テクノトピア」へと向かう潮流が強まってきたのだが、そこでは一握りのテクノロジーを駆使する超エリートの出現など競争格差社会の矛盾がより激化していくことになるだろう。

いま私たちに問われているのは、都市の適正規模化を図りながら、自然資本を再評価する第1次産業の再構築（再生資源・エネルギー利用、生命系産業としての6次産業化など）、里山・里海ルネッサンス（自然共生社会）の方向性の見直しである。私たちはまさに時代転換の岐路に立っているのである。

**❷グローバル化とローカル化をめぐる世界の見取り図**

グローバル化の進展

| 技術活用・自然改変志向 | | 適応・自然共生志向 |
|---|---|---|
| **グローバル・テクノトピア**<br>●国際的な人口・労働力の移動<br>●大都市圏への人口集中<br>●貿易と経済の自由化<br>●集権的な統治体制のもとでの技術立国の推進<br>●環境改変型の技術の活用、人工化の志向 | | **地球環境市民社会**<br>●国際的な人口・労働力の移動<br>●地方回帰、交流人口増加<br>●貿易・経済の自由化、グリーン化<br>●集権的な統治体制のもとでの環境立国の推進<br>●近自然工法・技術活用、順応的管理の推進 |
| **地域自立型技術社会**<br>●大都市への人口集中<br>●保護主義的な貿易・経済<br>●技術立国を国家的に推進<br>●地方分権の拡大<br>●環境改変型の技術による対処、人工化の志向 | | **里山・里海ルネッサンス**<br>●地方回帰、交流人口増加<br>●保護主義的な貿易・経済<br>●経済や政策のグリーン化<br>●環境立国を国家的に推進<br>●地方分権の拡大<br>●順応的管理、伝統的知識の再評価 |

ローカル化の進展

出典：「日本の里山・里海評価」2010年

# 日本の過疎・過密問題は
# どう進展してきたのか

## 住む人が減ったら
## 都会に移るほうがよい?

執筆:山下良平

❶のどかな里山の風景
撮影:いずれも筆者

❷山間地域で鳥獣害対策をしながらの営農

❸伝統野菜を守る農の匠

　特に高度経済成長期が始まった1960年代ころから、多くの人が農山漁村地域から都会に移っていく流れがあります。良し悪しはともかくとして、都会への人の流れが続くとどうなるでしょうか。まず、農林漁業を続ける人が少なくなり、日々の生活を支える食料を地域で生産したり収穫したりする力が弱くなります。また、人が住み、農林業を営みながら農地や山林などの地域資源を管理していくという良好な関係が築かれている領域を里山と呼びますが（❶ ❷ ❸）、人が減ることで里山も荒廃がすすむことも考えられます。そうなると、自然災害や野生鳥獣害のリスクが広がって、それらはやがて都市部にもおよぶようになります。ですので、確かに不便なことが多いのは事実ですが、農山村地域に人が住み続けることには大きな意味があります。

# 農業・農村がもつ多面的機能

写真は、数は少ないながらも志のある農林業従事者によって維持管理される美しい棚田を有する山村の集落です（❹）。斜面であることに加えて、一つひとつの水田が小さく、大きな機械が使えません。しかし、地域の人々は昔から引き継いできたこの地の棚田を守り、農業を続けています。また山林もきちん

❹田を彩る稲穂と美しい景観　撮影：筆者

と手入れしています。その愛着と強い意志には感動させられます。

　農林業は、農産物や木材を生産する以外にいくつもの「副産物」を生み出しています。たとえば、気候変動による集中豪雨が起こった場合でも、しっかりと根を張った木々や水が張られた水田は、雨水を徐々に地下に浸透させ、ゆっくりと河川に流出させます。もし管理された山林や水田がなければ流域には洪水被害がおよぶことでしょう。また、水田は地表温度を安定させるため、特に都市部周辺では都市熱の緩和にも役立っています。さらに、美しい農山村の景観や伝統的な祭りは、地元住民だけではなく都市地域の住民や海外からの訪問者の心をいやします。これらの重要な効果はいずれも農産物や木材の生産「以外」の多様な機能であり、まとめて多面的機能といいます。少しデータは古いですが、ダムのような人工物や温暖化対策の設備投資、あるいは施設への観光事業によってそれらの多面的機能と同様の効果を得ようとすると、年間数兆円かかるという試算が行なわれました（79 ページ❻、三菱総合研究所、2001 年）。

## 調べてみよう

☐ 農業・農村にはほかにどのような多面的機能があるだろうか。

☐ 多面的機能の恩恵を受けているのは誰だろうか。

☐ 農山村地域の農地や山は誰によって守られるべきだろうか。

地球の気候変動

生物多様性と農業

感染症

飢餓と肥満

都市化と食・農

紛争と難民

平和と食・農

未来への提言

# 過疎・過密と国土計画
## ── 人口の都市集中にどのように向き合ってきたか？

　1962年の全国総合開発計画から1998年まで、全5次にわたって展開されてきた国土計画は、それぞれの時代背景に基づいて設定された課題とは別に、一貫して過疎・過密の問題に向き合ってきた。近年では、2014年に内閣から発出された地方創生戦略の名のもとに、各地で地域振興計画がこぞって策定され、展開されてきた。過疎と過密は表裏一体であり、人口減少が進む多くの農山漁村にも人口過密の都市地域にも社会的悪影響をおよぼしうる。したがって、その是正は日本社会全体にとって共通の課題だといってよいだろう。

　では結果はどうだったのだろうか。❺は三大都市圏とそれ以外の地域の人口が日本の総人口に占める割合の推移を示したものである。人口は三大都市圏、特に東京圏へと一貫して流入してきたし、今後もその傾向は続くと予測されている。このトレンドは、東日本大震災による都市機能の麻痺や都市部における新型コロナウイルス感染の顕著な拡大など、人口過密社会が招いた非日常時のリスク状況に直面してもなお根本的には変化しなかった。

❺三大都市圏とそれ以外の地域の人口が日本の総人口に占める割合の推移

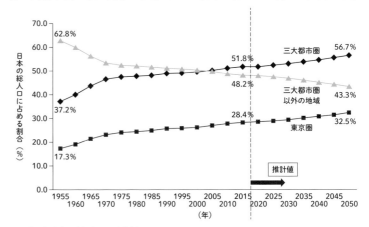

出典：総務省三大都市圏関連資料
（https://www.soumu.go.jp/main_content/000452793.pdf）

　たしかに上記のようなトップダウンの国土計画や地方再生戦略は、いわゆる条件不利地域を国が直視し、それにより多くの国民に対して農山漁村地域の実情に気づかせたという点では一定の意味はあったといえよう。しかし実際は、地方に人口が定着せず、結果として地域活性化に直結しなかったと評価されることが多い。その最大の理由は、地方自治体や住民自身が当地の現状と課題を認識したうえで、自らが強い当事者意識をもって将来像を導き出せなかった点にある。つまり、「内発的な活性化」が実現できなかったのである。

　人口の偏在は誰かしらに強制された結果ではなく、国民の自由意志の結果である。このことを踏まえると、過疎・過密は解決が非常に難しい問題である。そうではあるが、すでに消滅直前の集落もいくつか生まれている。この状況が進むと、農山漁村地域のもつ固有性の高い多様な言葉や文化、伝統が失われてしまう。この傾向に歯止めをかける方策を、住民と行政が協力して考えだし、実践し続けることが強く求められている。

●独立行政法人農業工学研究所「農業・農村の有する多面的機能の解明・評価－研究の成果と今後の展開－」2004 年
https://www.naro.go.jp/PUBLICITY_REPORT/press/files/nkk040706-1.pdf

解説
2

# 多面的機能を担う農業農村は
# 誰に守られるべきか？

　農山村地域に人が住み続け、農地や山林が適切に維持管理されることによる副次的効果、具体的には洪水防止機能や土砂崩壊防止機能、あるいはやすらぎ機能などの多面的機能の恩恵を受けているのは誰だろうか。❻にも主な機能を記した通り、それらはけっして農山村地域住民だけのものではなく、広く国民が恩恵にあずかっているといえよう。その反面、農地や水路などの資源を維持管理する役割が地元住民に、特に農林業従事者に集中していることが長らく問題視されていた。この受益と負担の不整合を是正することを目的として、今日では、非農家や都市住民を巻き込み、地元の農家らとの協働活動によって農山村地域の自然資源を保全し、またそこから新たなつながりや価値を創造することを後押しする財政支援が拡充している。多面的機能支払交付金などが代表的である。

　しかし、公的資金による財政支援に過度に依存しすぎないよう、資源保全に向けた地域内外住民の内発的な活動動機を醸成することは必要不可欠である。そのためには、農業農村の多面的機能の意義や効果を広くアピールし、国民に正しい認識を周知することは重要である。また、世界的な気候変動により、以前とは比較にならない規模や頻度の自然災害が見受けられるため、近年の気候条件を踏まえた多面的機能の再評価が急がれている。

❻農業農村の多面的機能の貨幣評価額

| 機能の種類 | 評価額 | 評価方法 |
|---|---|---|
| 洪水防止機能 | 3 兆 4,988 億円 / 年 | 代替法 |
| 河川流況安定機能 | 1 兆 4,633 億円 / 年 | 代替法 |
| 地下水涵養機能 | 537 億円 / 年 | 直接法 |
| 土壌侵食（流出）防止機能 | 3,318 億円 / 年 | 代替法 |
| 土砂崩壊防止機能 | 4,782 億円 / 年 | 直接法 |
| 有機性廃棄物分解機能 | 123 億円 / 年 | 代替法 |
| 気候緩和機能 | 87 億円 / 年 | 直接法 |
| 保健休養・やすらぎ機能 | 2 兆 3,758 億円 / 年 | 家計支出 |

注　代替法：人工物や事業によって同等の機能を得るための費用によって評価
　　直接法：公共料金などによって換算した評価
出典：「地球環境・人間生活にかかわる農業及び森林の多面的な機能の評価に関する調査研究報告書」三菱総合研究所、2001 年 11 月

地球の気候変動

生物多様性と農業

感染症

飢餓と肥満

都市化と食・農

紛争と難民

平和と食・農

未来への提言

# 紛争が人権としての食を奪う
## ——難民問題

## 紛争の下で、どうやって食べているの？

執筆：佐藤 寛

❶ジプチ共和国にあるイエメン難民キャンプの子どもたち　提供：朝日新聞社

　日本にいる私たちには「紛争」のなかで生きる、ということはイメージしにくいですね。これは幸せなことです。しかし、今この瞬間も紛争と共に生活をしている人たちはたくさんいます。そういう人たちは何を、どのようにして食べているのでしょうか。

　基本的には「人に依存して生きる」しかなく、「与えられたものを食べる」だけで、食べるものを自ら選ぶことは困難です。これは人間の尊厳に対する大きな侮辱です。

　それは難民キャンプ（❶）でも、どこかに逃げても、生活の基盤がなくなってしまうという点では同じことなのです。

# 紛争が阻害する「食へのアクセス」

　紛争が発生すると、安全な場所を求めて家を捨てなければならない人が発生します。国外に脱出すると「難民」、国内の他の場所に移動すると「国内避難民（IDP）」と呼ばれます。難民は、運がよければ国際機関やNGOなどが設置する「難民キャンプ」にたどり着きます。キャンプに登録されれば毎日の食事は安定的に配給されますし、現物支給の代わりにキャンプ内で使用できる食料券（バウチャー）が支給され、自分の好きな食料を購入できる場合もあります。

　国内避難民の場合は、都市の郊外などに各自がテントやバラックを建てて夜露をしのぐことになります。IDPにも支援機関が食料配給をする場合はありますが、多くの場合は自力で食べものを調達しなければなりませんが、手持ちのお金が尽きてしまえば市場から買うこともできないので、何とかして働き口を探さなければなりません。

　たとえば内戦状態が2015年から8年以上続いている（2023年時点）イエメンでは、空爆を逃れた国内避難民が300万人ほど（全人口の10％相当）いますが、穀物や野菜の値段は暴騰しており国際支援なしには命をつなぐことが困難な状態にあります。空爆は、主に都市部に対して行なわれるので、農村部で農業を継続することはできます。イエメンの主食ソルガム（モロコシ、キビ類）は国内で生産することができますが、内戦の影響で輸入肥料代は値上がり、灌漑用水をくみ上げるポンプのガソリンも高騰しています。また、道路も内戦で寸断されているため生産物を市場まで届けるのも一苦労です。

　このように、紛争は生産地、物流経路、市場のそれぞれで食料のサプライチェーンにダメージを与え、人々の「食へのアクセス」という基本的人権を阻害することになるのです。

## 調べてみよう

- ☐ 紛争地で難民、国内避難民に対する食料支援をしているのはどんな団体なのでしょうか。
- ☐ 難民キャンプでの食料援助では、どのような食料が配給されるのでしょうか。
- ☐ 難民キャンプでは、人々はどのようにして調理しているのでしょうか。火を使う場合、燃料はどうやって確保しているのでしょうか。

# どうやって食料を届けるのか

　イエメンのように紛争継続中の国では、自分の家に住み続けていても、安定的な食料確保が困難なので国連や国際 NGO による食料配給がなければ十分な栄養を確保できない。しかし、山岳地であるイエメンでは地方部に食料を安全に運び、それを人々に公平に分配するのは簡単なことではない。

　援助機関が被支援国の港まで（内陸国であれば空港や、道路の国境まで）食料を運んだとしても、その食料を横取りしようとする勢力がいるかもしれない。また、政府が関税を取り立てようとするかもしれず、税関の職員が個人的に賄賂を要求することも珍しくない。

　援助物資を無事に受け取れたら、次は運搬である。援助機関が自前のトラックを持っていることはまれなので、多くの場合は地元の運送業者や NGO などに運搬を委託するが、こうした緊急時ほど運賃は高くなる。また、そもそも輸送中に攻撃される可能性も高い。各派が入り乱れた内戦状態であれば、道路のあちらこちらにそれぞれの勢力の「検問」が立ち、トラックの通過にさまざまな理由をつけて食料をピンハネしたり、通行料を巻き上げたりするだろう。

　ターゲットとしている地域にようやく近づいたとしても、まだまだ課題はある。たとえばその地域が反政府勢力の実効支配地域だった場合、政府からは「その地域に支援することは、反政府勢力に味方することと同じ」と批判され、国内での活動許可がはく奪されてしまうかもしれない。国際赤十字などは「中立性の原則」をうたっているが、紛争状態における中立性の確保は簡単ではない。

　対象としている村までともかく食料が到着したとしても、まだまだ問題は終わっていない。食料を求めて群がってくる人々にどうやって適切に配分すればよいのだろう。トラックの荷台から群がる人に一つずつ食料を渡すのでは、むしろ奪い合いのパニックになってしまう可能性がある。地域のリーダーに配分を委託するという方法が効率的に思われるが、そのリーダーがすべての村人に公平に配分してくれるかどうかの保証はない。多くの途上国ではリーダーは自分に近い人から優先的に配分し、政治力のないシングルマザーや老人に食料が行きわたらない可能性がある。

　難民キャンプや自然災害に対する緊急援助であれば、Food for Work という手法で道路補修などの作業に参加した人に、報酬として食料を与えることも可能だが、そもそも紛争状態では外で働くことが危険である場合もある。

　紛争下で人権としての食料アクセスを確保することは、極めて困難な作業なのである。

# 小麦が支配する援助市場

　食料援助というと、ばら積み貨物船に満載された白い小麦粉が、港でクレーンで荷揚げされている画像などがよく登場する。今日の食料援助の中心は小麦であり、日本も第二次世界大戦後の飢餓期に

**もっと学ぶための参考文献・資料**

● リンダ・ポルマン（大平 剛 訳）『クライシス・キャラバン──紛争地における人道援助の真実』東洋経済新報社、2012 年
● ジャン・ジグレール（勝俣 誠監 訳）『世界の半分が飢えるのはなぜ？──ジグレール教授がわが子に語る飢餓の真実』合同出版、2003 年

米国からの食料援助で生きながらえた経験をもっている。人類は穀物を主食にしてきたが、それは小麦に限るものではない。たとえば日本をはじめアジアでは米が主食である。しかし、現代世界の食料援助では圧倒的に小麦の占める割合が大きいのはなぜか。

東西冷戦下で食料援助が外交的ツールとして使われるようになったのは 1954 年のことである。米国は公法 PL480 に依拠して、当時米国で過剰生産されていた小麦をエジプトをはじめとする途上国援助のツールとして活用し始めたのである。こうして小麦の生産余力がある先進国がその余剰分を援助に用いることで、小麦が食料援助の主役に躍り出ることになったのである。

日本でもそうであったように、もともと米や、キビ、ソルガムなどを主食としていた地域にも小麦を利用したパンの食習慣が浸透すると、援助ではなく市場を通して小麦を輸出できるようになり、米国の小麦生産者が利益を得ることになる。つまり援助と市場拡大とは表裏一体であったのだ。

アラビア半島の南西に位置するイエメンは、国土の主要部分が山岳地であることもあって一定の降雨量があるためアラビア半島地域の穀倉地域として機能してきた。1985 年に筆者がイエメンに駐在していた時、IMF（国際通貨基金）のエコノミストがやって来てイエメン政府に対して「雑穀類の生産などやめて、世界市場から安価な小麦粉を輸入し、開発計画の主眼を輸出できる製品の生産に振り向けるべきである」と力説していた。イエメン人が日常的に食べるのは家庭で焼いた雑穀のパンであり、店で買うのは小麦製の白いパンであった。ところが、このパンには政府の補助金がつくので非常に安価に入手できるため、この輸入小麦を使うパンを食べる習慣が広がった。地元でソルガムが生産できるのに、わざわざ小麦輸入を増加させるこうした政策は中東地域全般で行なわれ、1990 年代〜 2000 年代にはほとんどの中東諸国は小麦輸入に大きく依存するようになっていた（※）。

2022 年に始まったロシア・ウクライナ戦争を契機に、ロシアとウクライナからの小麦輸出が滞ったことで、エジプトをはじめする中東諸国で食料確保が困難になるという事態が発生した。内戦中のイエメンも、国際機関からの食料援助に依存している状態だったが、今回の食料危機で小麦の調達が困難になり国民への配給の量や頻度を減らさざるを得なくなった。

イエメンで農民はソルガムを生産することができる。これは灌漑水を用いない天水農業であり生産性は高くないが環境にはやさしい。今日イエメンでは支援する援助団体が必死に世界中から小麦を確保するべく奮闘しているが、これはこれまでイエメンを小麦漬けにしてきた政策の帰結でもある。今回の食料危機を契機に、紛争下でも自らが作れる作物を維持・推奨していくことの重要性が認識されるとよいのだが。

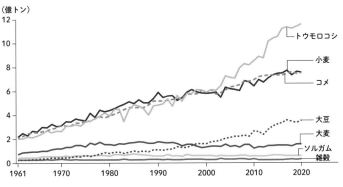

**❷世界全体での主要穀物・大豆の生産量の長期的推移**

出所）FAO 統計より作成
出典）井堂有子「複合危機が襲う中東・アフリカ」『世界』2022 年 10 月号

地球の気候変動
生物多様性と農業
感染症
飢餓と肥満
都市化と食・農
紛争と難民
平和と食・農
未来への提言

# 難民・移民とエスニック食文化

## 日本で難民がベトナム野菜を栽培？

執筆：安井大輔

❶ 在日ベトナム人たちの菜園（2016年7月） 撮影：瀬戸徐映里奈

　日本で生活する難民のなかには、故郷の食を自給するために、空き地や自宅の庭、または農地を借りて故郷の野菜やハーブをつくっている人もいます。瀬戸徐の研究によると、インドシナ難民の受け入れ施設が設置されていた兵庫県姫路市では、集住していたベトナム人たちがパクチーやレモングラスなどベトナム野菜を栽培しています。難民としての生活が始まった当初は日本の食材を利用するしかなかったものの、定住が進むにつれ神戸市の南京町でベトナム料理にも用いるスパイスを調達したり、朝鮮食材店で豚足やホルモンを購入したりと、食材調達の方法は拡充されてきました。

　地域で耕作放棄された農地を借りて、南国野菜や香草を自給栽培している人たちもいます。農地の貸し借りや野菜をおすそ分けする過程で、地域住民として新たな人間関係が創出されることもあります。

難民、移民、エスニックフード、異文化、エスニシティ

# 難民の生活を支える食文化

　難民とは、「人種や宗教、政治的意見などの違いが理由で、自分の国にいると命を狙われたり迫害を受けるおそれがあるため、他国に逃れた人々」を指します。1951年に難民を守るためにできた難民条約（92ページ参照）では、このように定められています。難民となるにはさまざまな事情がありますが、戦争が起こったり、政治が混乱したことなどが大きな理由となっています。

　現在、アジア、中東、アフリカなど世界各国から日本にも難民が逃れてきています。母国から迫害を受けている難民が、正規のパスポートを取得することは容易でなく、時にはブローカーに高額のお金を払って逃れてくる人もいます。

　日本が難民を受け入れるようになったのは、1970年代後半からです。ベトナム戦争の終結前後からインドシナ（ベトナム・ラオス・カンボジア）における体制転換を逃れた人々を引き受けるようになりました。この後1981年に日本は難民条約に加入し、1982年に難民認定制度が導入されました。また2010年からは、外国の難民キャンプなどに暮らす人々を受け入れる第三国定住の難民受け入れを行っています。

　日本で難民として認定される率は低いものの、受け入れられた難民へは日本政府から支援が行なわれます。ただし支援の内実は必ずしも十分なものではありません。多くの難民は数カ月学習しただけの日本語能力で低賃金労働に従事しなければなりません。苦しい状況のなかで、難民の生活を支えてくれるのが食文化です。異国の日本で、何とか入手した食材や調味料で故郷の味を再現している難民や移民は決して少なくありません。自分たちで消費するだけにとどまらず異国のエスニックフードを提供するレストランやカフェを経営する場合もあります。もしみなさんが、エスニックレストランを愉しんだことがあるとしたら、もしかしたらそこは難民が経営したり雇用されていたりするお店で、提供されている異国の料理は難民が自ら育てた食材によるものかもしれません。

## 調べてみよう

☐ **難民の受け入れ制度や生活状況に違いがあるのか日本と外国を比較してみよう。**

☐ **近所に難民たちが生活することになったとしたら、あなたや地域の人びとはどのように感じるだろうか、想像してみよう。**

# 日本の難民制度

　2022 年 2 月から始まったロシアによるウクライナへの全面侵攻によって、多くの人々が故郷を追われることとなった。ウクライナからの避難を強いられた人々は 800 万人にのぼっている（国連難民高等弁務官事務所［UNHCR］による 2023 年 2 月現在の値）。日本政府は人道上の配慮から、「避難民」として日本での在留を認めている。しかし、この「避難民」という言葉は、難民の地位に関する条約（難民条約）に基づく「難民」とは異なる。難民条約に基づく「難民」とは、「人種、宗教、国籍、特定の社会集団の構成員であること、政治的意見の違いが理由で、自分の国にいると命を狙われたり、迫害を受けるおそれがあるため、他国に逃れた人々」を指す。ウクライナから逃れたばかりの人々は、この条約上の難民の定義には該当しない可能性があるため、便宜上「避難民」と呼ばれている。日本に住む外国籍の人は、日本に滞在する資格（在留資格）を取得しているが、この資格を審査し可否を判断するのは出入国在留管理庁（入管）である。ウクライナから移動してきた人々は、観光客と同じ 90 日間の「短期滞在」の在留資格が与えられ、希望者には 1 年間の就労が可能な「特定活動（1 年）」のビザを付与されている（2023 年 2 月現在）。在留資格の更新を申請することは可能だが、その判断は入管の裁量次第である。更新が認められない可能性もあり、避難民たちは期限付きでの滞在が認められているにすぎない。

**❷国籍別難民認定申請者数・認定者数等※（2021 年）**

| 国籍 | 申請者数 | 国籍 | 認定者数 | 国籍 | 人道配慮者数のうち在留承認者数※ |
|---|---|---|---|---|---|
| ミャンマー | 612 | ミャンマー | 32 | ミャンマー | 498 |
| トルコ | 510 | 中国 | 18 | シリア | 6 |
| カンボジア | 438 | アフガニスタン | 9 | エチオピア | 5 |
| スリランカ | 156 | イラン | 4 | スリランカ | 5 |
| パキスタン | 89 | イエメン | 3 | 中国 | 4 |
| バングラデシュ | 80 | ウガンダ | 2 | アフガニスタン | 2 |
| ネパール | 69 | カメルーン | 2 | イエメン | 1 |
| インド | 61 | イラク | 1 | イラク | 1 |
| ナイジェリア | 57 | ガーナ | 1 | イラン | 1 |
| カメルーン | 31 | パキスタン | 1 | ウガンダ | 1 |
| イラン | 30 | 南スーダン共和国 | 1 | ガーナ | 1 |

※人道配慮者数のうち本国情勢等を踏まえて在留を認められた者の数
出典）出入国在留管理庁「令和 3 年における難民認定者数等について」による

　「難民」は迫害を受ける可能性のある本人からの申請に基づいて法務大臣が認定するが、申請手続きで、母国に帰れない理由書類を用意し客観的証拠として提出する立証責任が難民自身に課されるだけでなく、日本語への通訳・翻訳も難民本人や支援者側が用意しなければならない。これらの審査にかかる時間は、再審査請求や裁判所での異議申し立て審査を含めると数年間におよぶことが多い。
　難民と認定されると、定住者の在留資格が付与され、法令の範囲内で、公共サービスを受けること

●難民支援協会編著『海を渡った故郷の味　新装版』トゥーヴァージンズ、2020年
●高野秀行『移民の宴 日本に移り住んだ外国人の不思議な食生活』講談社文庫、2015年
●増野高司「食べ慣れた食材を求めて──在日タイ人によるタイ野菜の栽培」『ビオストーリー』32：54-60、2019年
●安田菜津紀『故郷の味は海をこえて──「難民」として日本に生きる』ポプラ社、2019年

ができるようになる。また、一定の要件を満たさない場合でも、在留を特別に許可すべき事情があると認められる場合には、人道的な配慮の必要性から在留が特別に許可されることがある。このように難民申請の制度はあるものの、日本は欧米と比べて、申請の手続きが長期間にわたるうえ、認定の基準が厳しく認定率・認定数ともに低い傾向にある。難民申請中であっても、在留資格がなくなった非正規滞在の人たちは、オーバーステイ（在留許可期限を越えて滞在すること）などの理由で、全国に散在する施設に収容され、在留を許可されなかった場合は日本から強制送還されることとなる。2021年3月には名古屋の収容施設で体調不良を訴えていたスリランカ国籍の女性が適切な治療を施されないまま病死した事件が起きた。難民認定されたとしても、生活基盤や法的地位が不安定な状況のなか、一人ひとりがさまざまな困難を抱えながら日本社会で暮らしている。

## 解説2　難民のエスニックな食文化

　多くの難民は、故郷で慣れ親しんだ味をできるだけ再現しようと、工夫を凝らしている。遠い国で暮らす難民にとって、自分たちの食文化は、難民たちにとって故郷の象徴となる。出身を同じくするものたちと、故郷の味を食べる場合、同じ食事がもたらす親しみを共有することで、集団は結束を高める（共同性）。同時に、食を同じくしない集団を弁別し、ときに他集団を排除し差別することもある（排斥性）。このように異文化の象徴とされるような難民・移民の食はエスニックフードと呼ばれる。エスニックフードはときに自分たち集団の正統な料理を標榜し、集団間の境界を強化し（純粋性）、移住先で新しいアイデンティティをつくり上げていくための媒体となる一方で、偏見や差別の対象となる。また元の文化から切り離され解体され、新しい土地でさまざまなアクターの影響を受けながらローカルな食材、調味料、さまざまな文化と交じり合ってつくり替えられもする（混淆性）。エスニックフードは文化間の境界となる一方で、境界間を柔軟に乗り越え変容する性質も合わせもつ両義的な存在である。

　難民・移民の食は、異文化理解や難民支援活動の現場で紹介されることも多い。たしかに異国の味に触れることは異文化を学ぶ一歩となる。ただし一方で、異文化の食を紹介するだけでは表面的な理解にとどまる欺瞞性も指摘されている。難民や移民の生活・文化の研究では、もっぱら食の消費場面に注目してきたが、食べ物の背後にある一人ひとりの背景・社会まで考えていくには、単に食卓の上を見るだけでは不十分である。84ページで紹介したような、食べ物がつくり出される菜園からは、難民を取り巻く状況に負けず、自分たちの居場所をつくり出していく難民・移民たちのヴァイタリティが垣間見える（※1 ※2）。こうした難民の農の移植もすでに日本の食の風景となっている。外国由来の食べ物を食べるだけでなく、その食物をつくる人・場所をも含む食と農の現場にまで次の一歩二歩と踏み出すことで、より広がりのある世界が見えてくるはずだ。

※1　瀬戸徐映里奈「食の調達実践にみる在日ベトナム人の社会関係利用──一世世代に着目して」『ソシオロジ』62(1):61-77、2017年
　　　https://doi.org/10.14959/soshioroji.62.1_61
※2　瀬戸徐映里奈「在日ベトナム人の菜園が創造する社会空間──結節点としての農地」『コンタクト・ゾーン』9：198-223、2017年
　　　http://hdl.handle.net/2433/228321

# 人間の安全保障って何でしょうか？

執筆：高橋清貴

❶「恐怖からの自由」「欠乏からの自由」と能力強化（エンパワーメント）の関係

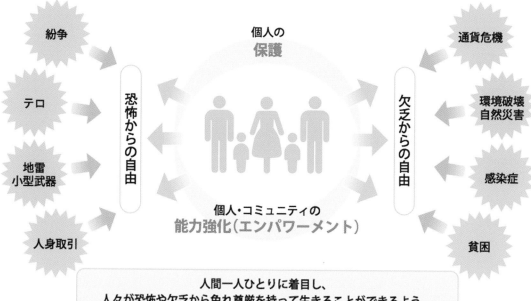

紛争　テロ　地雷小型武器　人身取引

恐怖からの自由

個人の保護

個人・コミュニティの能力強化（エンパワーメント）

欠乏からの自由

通貨危機　環境破壊自然災害　感染症　貧困

人間一人ひとりに着目し、
人々が恐怖や欠乏から免れ尊厳を持って生きることができるよう、
個人の保護と能力強化を通じて、国・社会づくりを進めるという考え方

出典）外務省『開発協力白書　日本の国際協力　2016年版』

　「人間の安全保障」とは、2000年9月の国連ミレニアム・サミットにおける日本の呼びかけに応え、緒方貞子前国連難民高等弁務官とアマルティア・セン・ケンブリッジ大学トリニティーカレッジ学長を共同議長として設立された「人間の安全保障」委員会の報告書の中で提起された概念です。その定義は、「人間の生にとってかけがえのない中枢部分を守り、すべての人の自由と可能性を実現すること」とされています。紛争やテロや弾圧といった脅威から守られ（恐怖からの自由）、貧困や感染症などの状況から免れる（欠乏からの自由）ことで人間の基本的自由を擁護し、一人ひとりが尊厳を持って生きることができるようにしようとすることです。

# 一人ひとりの自由と尊厳の実現を求めて

　「人間の安全保障」という考え方が出てきた背景には、人間一人ひとりを大切にする考え方を重視するようになったこと（基本的自由や人権の尊重）、急速なグローバル化のなかで個人の視点から見たときの脅威の問題が多様かつ複雑になってきたこと（貧困や差別、感染症や環境問題など、その影響や脅威が国境を越えて他国におよぶ）、そして一人ひとりを守るためには国家だけに頼るのではなく、多様な担い手の参加が不可欠であると考えられるようになってきたことがあります。

　個人に焦点を当ててみることで、人々を安全ではない状況に追い込む要因の多様さや複雑さが浮かび上がってきます。自然災害や感染症によって貧困が深刻化して教育の機会が奪われたり、貧富の格差が治安を悪化させて紛争を再発させたりと、脅威や欠乏の状況が密接に結びついていることがわかり、包括的な対応が必要になってきたのです。包括的対応には、国家や社会が人々の不安全を除去し、保護する責任を果たすだけでは不十分です。人間とは単に生存するだけでなく愛や文化、信念を求めながら主体的に生きる存在だからです。この理解のもと、一人ひとりが自らの潜在能力を伸ばすことで、人生のあらゆる局面で自由な選択を行ない、可能性を広げる行動をとれるようになることを重視し、"尊厳"を持って生きる権利を獲得することを目指しています。この意味で、国民や領土を総体として守ることを重視する国家安全保障に対し、「人間の安全保障」では、人間一人ひとりの自由と尊厳の実現のための「能力強化」（エンパワーメント）を重視している点を特徴としています。

　現代は、気候危機の深刻化に見るように、人間の行動が地球の地質的変化をもたらすほどの時代であるとして「人新生」とも呼ばれています。この時代区分では、地球規模での危険な変化と社会的格差が相互に強め合うように関係しているため、人間の安全保障も一人ひとりの行為主体性を重視しつつ、水平的なつながり（連帯）を必要とするようになってきました。

## 調べてみよう

☐ 人間一人ひとりの安全を考える人間の安全保障には、ジェンダーの視点が必要と言われているが、それはなぜか。

☐ 地域紛争や国内で起こる内戦などに、貧困や環境破壊などの「開発問題」がどのように関係しているか。

地球の気候変動

生物多様性と農業

感染症

飢餓と肥満

都市化と食・農

紛争と難民

平和と食・農

未来への提言

# 解説 1　国家安全保障との対比

　17 世紀以来、安全保障といえば国家の安全保障として考えられてきた。しかし、21 世紀に入り安全保障をめぐる議論が大きく変容してきた。パワーバランスの国際関係のなかで平和を考える従来の安全保障の考え方では、脅威の主たる対象を「外敵」と想定する他国家であり、「外敵」から国民を守るための権限と手段は国家が独占し（外交と軍事）、国家権力と国家の安全保障を拡大することによって秩序と平和が維持できるとしてきた。しかし、二つの大戦を経て、国際社会は非戦の理念に立つ国連を中心に集団安全保障体制の下で予防外交や平和維持活動（PKO）を行なうことで、国家間紛争を一定程度抑制することができていた（❷）。しかし、20 世紀後半、とりわけ

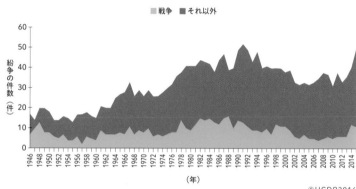

**❷武力紛争の件数 (1946-2015)**

■戦争　■それ以外

縦軸：紛争の件数（件）　60／50／40／30／20／10／0
横軸：1946〜2014（年）

©UCDP2016

冷戦終結後に内戦が多発し、21 世紀に入ってからは国境を越えたテロ活動が活発化するなかで、貧困や格差、感染症や地球環境問題といった課題も深刻化し、人々を脅かす脅威を従来の「国家安全保障」が対象と考えてこなかった課題も含めてより広くとらえ、包括的に取り組むための理念と手段が必要になってきたのである。緒方貞子（92 ページ参照）やアマルティア・センを中心メンバーとする「人間の安全保障」委員会の報告書では、「人間の安全保障」を次の 4 つの観点から「国家の安全保障」を補完するものとしている。

・国家よりも個人や社会に焦点を当てていること
・国家の安全に対する脅威とは必ずしも考えられてこなかった要因を、人々の安全への脅威に含めること
・国家のみならず多様な担い手が関わってくること
・その実現のためには、保護を越えて、人々が自らを守るための能力強化が必要であること

　グローバル化のなかで、人々に不安全な状況をもたらす要因が多様化し、複雑化したために、安全保障を国家という社会集団からのみ考えるのではなく、人間一人ひとりに焦点を当てて、その実現のために国家も含めて多様な担い手の参加が不可欠であると考える国際協調主義を進展させたことは、ある意味で歴史の必然であり、「人間の安全保障」の基調となっている。

　一方、経済のつながりや情報アクセス、人の移動が国境を相対化させたとしても、国家という枠組は厳然と残っていることから、その責任や役割が相対化することに危機感を感じる保守層のなかには、改めて国家間関係のなかでの脅威を強調し、「外敵」から国家を守る同盟や集団的自衛権といった文脈

もっと学ぶための参考文献・資料

●長 有紀枝『入門 人間の安全保障 増補版── 恐怖と欠乏からの自由を求めて』中公新書、2021年
●国連開発計画『人新世の脅威と人間の安全保障── さらなる連帯で立ち向かうとき』UNDP、2022年

で「国際協調」をとらえる議論もある。とりわけ2022年2月にロシアの侵攻で始まったロシア・ウクライナ戦争によって、再び国家中心主義的な国際関係に為政者のみならず、人々の価値意識が向かうことが懸念される。

## 解説 2  能力強化（エンパワーメント）とは何か

　「人間の安全保障」では、安全を確保することと人々と社会の能力を強化することは密接に結びついている。そこには、人間とは危険な状況に置かれていても、たいていの場合自ら解決の糸口を見出し、実際に問題を取り除いていくことができる、という人間の基本的自由を重視した理解がある。その意味で、国民を国家の経済成長を支える産業人材ととらえるパターナリスティックな観点からの「人間開発」とは、寿命や教育、社会参画などの目標が同じでも、違った角度から達成しようと試みるものである。人間開発は「人々がより広い選択肢を得ることにより、生きがいのある人生を実現すること」であり、成長や機会の拡大といった上昇志向を基調とするが、「人間の安全保障」では、人間の生存と日々の生活を守る尊厳、すなわち人間が享受すべき真の自由を脅かす危険性にきめ細かく取り組む能力を高めることに焦点を当てている。そのため、具体的手段として、国家や国際機関、NGOや企業による「保護」に加えて、厳しい環境のなかでも人間一人ひとりがその力を発揮できるようにするための「能力強化」（エンパワーメント）が提案されているのである。

　「能力強化」はまさに「人間の安全保障」を特徴づける点なのだが、「能力強化」という言葉自体もまた広い概念であり、一般的に日本のビジネス界などでいわれる「スキルアップ研修」といった個人の能力向上に焦点を当てた理解とは異なる点に注意したい。「人間の安全保障」では、「能力強化」は「保護」とセットで使われており、人々が個人として能力を強化するのみならず、「保護」する責任を担う国家や社会の潜在能力を高めることも含まれている。すなわち、個人として能力を高め、雇用機会を見出し、自分だけの生活が良くなればよいということではなく、食料不足を早い段階で警告して飢饉を未然に防いだり、国家による人権侵害に抗議したりすることを通じて、自分以外の人間の安全を守れるようになることを求めている。その意味で、「能力強化」には人々が社会制度を見直す目を養い、自分と仲間たちのために団結して行動を起こせるようにする力も含まれるのである。異なる意見に耳を傾け、議論できる場がつくられ、世論を喚起し、社会制度の見直しに参画する機会が得られること、そのための教育と情報、市民的政治的権利（報道の自由、情報の自由、良心と信念の自由、結社・団結の自由、民主的選挙など）が重要となる。

　もともと「エンパワーメント」は、ブラジルの教育思想家であるパウロ・フレイレの提唱により社会学的な意味で用いられるようになった言葉であり、世界の先住民運動や女性運動、あるいは広義の市民運動などの場面で用いられ、実践されるようになった概念である。「人間の安全保障」でも、人間の潜在能力の発揮を可能にするよう平等で公平な社会を実現しようとするところに焦点を当てており、たんに個人や集団の経済的自立や成長を促す概念ではないことに注意したい。

地球の気候変動

生物多様性と農業

感染症

飢餓と肥満

都市化と食・農

紛争と難民

平和と食・農

未来への提言

# 世界は難民問題にどう向き合ってきたのか

**執筆：岡野英之**

## ◎難民を保護する国際機関 「国連難民高等弁務官事務所 (UNHCR)」

かつて「小さな巨人」と呼ばれた日本人がいました。難民問題の解決に尽力した緒方貞子さんです。彼女は、1991 年から 2000 年まで国連難民高等弁務官事務所（UNHCR）でトップを務めました。UNHCR とは、難民の支援や難民問題の解決を目指す国際機関です。彼女の著書『私の仕事』(2002 年、草思社) では緒方さんが仕事で世界を飛び回っていた様子が描かれています。緒方さんは、その業務のなかで紛争地や難民キャンプもしばしば訪れました。「現場から考えないと問題の解決には向かわない」という信念があったからです。

❶ 1992 年 7 月 8 日、防弾チョッキ姿でサラエヴォ空港に降り立った国連難民高等弁務官の緒方貞子　提供：共同通信社

1992 年にサラエヴォで撮影された映像には、身長 150cm と小柄な彼女が防弾チョッキを身に着け、さっそうと歩く姿がとらえられています (❶)。この時、サラエヴォはボスニア・ヘルツェゴビナ紛争の渦中にあり、人々は空輸される支援を頼みの綱として生きていました。

難民は新しい現象とはいえないかもしれません。世界の歴史を見ると、限りない数の難民が発生してきました。その一方、難民問題を解決するための国際協力は、ここ 100 年で見られるようになった新しい動きです。1920 年代にはロシア革命によって流出したロシア難民に対する多国間協力が実施されました。その後、難民支援は拡大し、1950 年には UNHCR が設立されることになります。UNHCR が設立された当初、その

目的は第二次世界大戦（1939〜1945年）によって発生したヨーロッパ難民700万人の帰還や再定住で、その活動は3年間に限定されていました。しかし、難民支援はこれからも必要であるという認識が高まり、UNHCRは恒久的な組織になります。

　UNHCRが支援の対象とするのは「難民条約」によって難民と定義された人々です（難民条約とは「難民の地位に関する1951年の条約」と「難民の地位に関する1967年の議定書」の二つの条約を合わせた通称です）。そのなかでの難民とは、迫害から逃れるために国境を越え、外国へ逃げた人です。すなわち、国外へと逃げた人が支援対象者でした。UNHCRの基本方針は、難民を一時的に保護し、以下のいずれかの方法で難民状態を終わらせるというものです。すなわち、①情勢が落ち着いた後に本国へと帰還させる、②一時的に保護された国へと定住させる、③第三国（本国でも一時的に保護された国でもない別の国）で定住させる、です。

## ◎国内避難民にも支援の手を

　国境を越えられず国内に留まっている避難民、いわゆる、「国内避難民」は、当初、UNHCRの支援対象ではありませんでした。なぜなら、国内に関しては、その国の政府の管轄であるという内政不干渉の原則があったからです。しかし、緒方さんがUNHCRのトップを務めた1990年代には、民族的、宗教的、社会的な国内紛争が次々と発生し、国内避難民の問題も深刻化します。たとえば、1991年、イラクでは少数民族クルド人が政府の迫害により避難民化したものの、周辺国はその受け入れを拒否します。国連はイラク国内に「安全地帯」を設置することでクルド人を保護しました。また、上述したサラエヴォの事例も、国内避難民が発生した事例です。こうした新しい事態が次々と発生するなか、緒方さんは「人命を救うための最善の選択」という基準のもと、現場の状況に応じて柔軟に判断を行なってきました。そのなかでUNHCRは、国内避難民にも支援を実施するという決断を下します。

　その後もUNHCRは難民や国内避難民の保護に尽力してきましたが、これらの問題はいまだに解決されたとはいえません。2021年末の統計によると、UNHCRの保護を受けている難民は約2130万人、国内避難民は5320万人います。そんな世界の状況を忘れないためにも、6月20日は「世界難民の日」と制定されています。難民の保護と支援に対する世界的な関心を高める日として2000年に国連が制定しました。この日の前後には、難民を知るためのイベントが各地で開催されています。みなさんも、ぜひ近くの町で開催されるイベントを訪ねてみてください。

地球の気候変動

生物多様性と農業

感染症

飢餓と肥満

都市化と食・農

紛争と難民

平和と食・農

未来への提言

# アフガニスタンの平和と「水」── 中村哲さんの実践と願い

**執筆：橋本康範**

## ◎「命の水」を求めて ── 井戸掘りと用水路事業

　2002年6月、私はアフガニスタン東部のダラエヌール渓谷にやってきました。中村哲医師が総院長を務めるペシャワール会の現地事業体PMS（※1）で、農業事業に携わるためです。任務は、アフガニスタンの現地スタッフと寝食をともにしながら、PMSの事業が現場に即して行なわれるように補佐することです。任期は約3年でした。

　私が着任してまもなく、中村先生は用水路建設事業を開始しようとしていました。それに先立つ2000年夏、未曾有の大干ばつがユーラシア大陸を襲い、アフガニスタンでは1200万人が被災しました。水がなくなると衛生状態が悪くなり、各地で赤痢が大流行しました。飢餓と感染症は深い関係にあり、栄養失調で体が弱ったところに感染症などの病気にかかり、子どもや年寄りがまっさきに死んでいきました。診療所で治療する前に、命をつなぐ水と食べものの確保が求められていました。水不足により農業ができず、農民は村を離れ難民となり、辺境の地にあるPMSの診療所の周囲にも廃村が広がりました（※2）。

　ペシャワール会では、こうした状況に歯止めをかけるために、2000年6月から、アフガニスタン東部のジャララバードに事務所を設け、水事情の実態調査と井戸掘りを始めました。井戸とカレーズ（伝統的地下水路）、農業用灌漑井戸の建設に着手し、途中までは順調に進んでいたのですが、地下水位の低下のために再掘削を余儀なくされました。干ばつによって、地下水も枯渇したからです。この問題の解決には大河川から取水する用水路がどうしても必要でした。こうして、中村先生は2003年3月、ダラエヌール渓谷の大河川・クナール川から取水するマリワリード用水路の建設を宣言したのです。

　私も駆り出された用水路の建設は悪戦苦闘の連続でしたが、特に苦心したのは取水堰でした。取水堰とは、川から用水路への取水口の前に設けるもので、水をそ

❶作業現場で中村先生と昼食をとる。
手前が筆者。用水工事が山場を迎えているころ
提供：PMS

こでせき止めて水位を上げ、用水路に水を導く役割をします。川幅が広いところでは1kmもあるクナール川での工事は、川の水位が下がっている冬期の間に行なわなければなりません。2004年冬、工期は大幅に遅れていました。前年の10月末から休日返上で朝6時から夜9時まで、ときには自動車のヘッドライトを照らして夜中まで工事を進めました。中村先生も私たちと同じように朝から夜遅くまで現場につきっきりで働いていました。堰の工事も試行錯誤で、通水まで1カ月に迫った時点でまだ堰はできず、すでに4〜5回はやり直していました。

## ◎伝統工法から自然と人間との関係のあり方を学ぶ

そんなある晩、夜中の2時ころにトイレに目を覚まし、ふと隣の先生の部屋を見たところ、電気がついています。「先生も疲れてそのまま寝てしまったのか？」と思って用を足し、戻って寝ようとすると、ドアが開きました。先生が目を輝かせてにこにこしながら「橋本君！」と手招きします。部屋には何枚もの設計図が床に散らかっており、「とうとうできましたよ、斜め堰ですよ」と図面を見せられました。あんなに現場で動きながら毎晩毎晩設計図を考えていたんだと、胸が締めつけられました。

この斜め堰は❷のような構造で、先生の故郷である福岡県の筑後川から取水する山田堰がモデルになっています。また、取水門にも日本でよく使われている「堰板方式」が取り入れられました。アフガンのチャルハ（巻き取り式つり上げ機）を使って手動で堰板を脱着し、川の上水を取り込むやり方です。取水量の調整とともに、用水路への土砂の流入が防げるようになっています。

❷ 斜め堰でクナール川から取水しているカマ堰付近の様子
提供：PMS

中村先生はこのように日本の伝統工法に学びながら、「モノのない現地に合わせて何とかする」方法で用水路建設を進めました。特に「手近な素材を使い、地域にないものはできるだけ持ち込まない」「壊れても、地域の人で修復できる」ことを心がけておられました。たとえば護岸には、日本で昔から使われていた「蛇籠」（※3）を用い、水路沿いには柳を植えました。これは「柳枝工」といって、根が「蛇籠」石の隙間に食い込む鉄線の代わりになり、より強固に護岸することができるのです。石はアフガンにはふんだんにあり、柳は数種類しかない樹木のひとつでした。アフガンにある資源と日本の伝統工法が奇跡的に結びつきました。

※1　PMS:Peace Japan Medical Services（平和医療団・日本）。総院長の中村哲医師率いる現地事業体。
※2　「アフガニスタンの平和は『水』でしかつくれない」（中村哲・談／竹島真理・まとめ）『季刊地域』2020年春号（再掲）。
※3　蛇籠：竹材や鉄線で編んだ長い籠に砕石を詰め込んだもの

地球の気候変動
生物多様性と農業
感染症
飢餓と肥満
都市化と食・農
紛争と難民
平和と食・農
未来への提言

# 農業のODAは
# 成果が上がっているの？

執筆：池上甲一

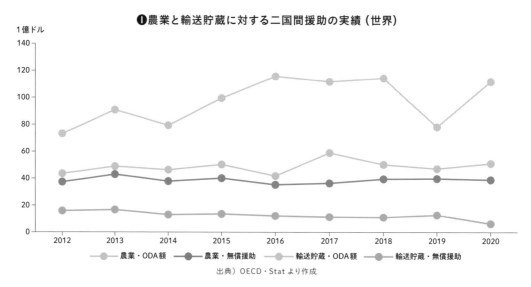

❶農業と輸送貯蔵に対する二国間援助の実績（世界）

出典）OECD・Stat より作成

　経済先進国の政府が、いわゆる途上国の開発に協力するために資金を提供すること を政府開発援助（ODA）といいます。農業の ODA は、経済先進国が資金を負担して、 途上国に持ち込んだ近代技術による農業生産の向上を目指しています。みなさんは、 この ODA が持ち込む新しい技術を農民たちが喜んで受け入れ、近代農業に向かうと思 うかもしれません。もしそうならば、世界中に「進んだ」農業が広がっているはずです。 なぜなら、世界の各地で資金を返す必要のない無償の農業 ODA 事業が長期間にわたっ て行なわれてきたからです。

　援助の総額では農業を大きく上回る輸送貯蔵分野では返す必要のある政府貸付が大 半を占め、無償援助は農業の無償援助の半分以下にとどまっています（❶）。それだけ 好条件なのに、実際には一部の地域を除いて近代農業が普及しているとはいえません。 つまり、農業 ODA はあまり効果が上がっていないのです。1954 年に ODA を始めた 日本も多くの農業 ODA 事業を行なってきましたが、なかなかその地域に根づくまでに は至らない例が数多くあります。

ODA（政府開発援助）、国際協力、開発援助委員会（DAC）、後発開発途上国（LDCs）、飢餓の撲滅

# 普遍性を押しつける善意の罠

　農業の国際協力には灌漑用の井戸を掘った医師の中村哲さん（94ページ参照）のように非政府組織が行なうものがあります。こうした国際協力は地元の人たちと一緒に問題に向き合い、その地域のいろいろな条件を考慮して可能な解決策を見つけ出しているので定着する可能性が高いと言えます。しかし資金力やスタッフが制約されるという限界があります。

　それに対して、ODAは大きな影響力を持ちます。ですから、農業ODAはSDGs第2目標の「飢餓の撲滅」を目指す観点から期待が寄せられています。日本は、農業ODAの分野では世界に冠たる援助大国です（❷）。ところが、多くの事業はなかなか効果を発揮できないばかりか、事業終了後数年のうちにダメになってしまうケースが続出しています。

❷日本の農業向けODA供与額（約束額ベース）

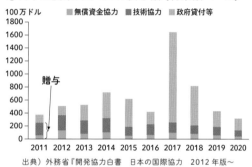

出典）外務省『開発協力白書　日本の国際協力　2012年版〜2021年版』

　根本的な理由はその地域の実情に合っていないこと、外から持ち込んだ技術や考え方を押しつけていることにあります。開発分野の著名な研究者であるチェンバースは農業援助において「もっとも犯しやすい過ちは、特定のケースを一般化しすぎることと、均一性を当然のものとして想定すること」（『参加型開発と国際協力』）だと指摘しています。つまり、近代農業を普遍的に良いものと考え、それを「教える」ことによって、「遅れている」途上国の農業を近代的なものに変えれば農民も喜ぶ「はず」だという思い込みが問題を引き起こすのです。独りよがりの「押しつけ」という、このいわば「善意の罠」に陥らないためには、中村哲さんのように農民たちと一緒に考え、行動する姿勢が大切になります。国際協力という以上、「上から目線」ではなくて、対等なパートナーシップが求められるのです。

## 調べてみよう

- ☐ 成功したといわれる農業ODAを探し、その理由を考えてみよう。
- ☐ 農業に関係する民間の国際協力事業にはどのようなものがあるか。
- ☐ 国際協力を行なうNGOを訪問して、活動内容を聞いてみよう。

# ODAの仕組みとその本質

国際協力とは、途上国の開発・発展を目的として、政府、国際組織、民間企業、NGO（非政府組織）などが国境を越えて行なう各種の協力活動のことである。そのうち、政府が行なう国際協力用の公的資金をODAという。ODAの枠組は❸のように整理できる。二国間援助と多国間援助（国際機関への出資）は資金の拠出先の違いであり、

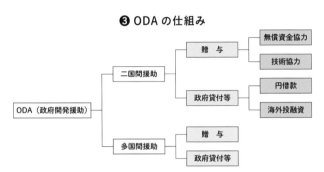

**❸ ODA の仕組み**

出典）外務省『開発協力白書　日本の国際協力　2021 年版』

贈与と政府貸付等は返済義務の有無による区分である。返済義務のない贈与はさらに無償資金協力と技術協力に細分される。政府貸付等は政府向けの円借款と民間部門向けの海外投融資に細分される。日本では JICA（国際協力機構）が贈与を、JBIC（国際協力銀行）が政府貸付等を担当している。

　資金の供与がODAとして認められるためには、OECD（経済協力開発機構）の開発援助委員会（DAC）が定めている対象国への援助であることが条件となる。2020 年現在 142 カ国が対象としてリストアップされている。そのうち、緊急性の高い LDCs（後発開発途上国）にはミャンマーなどアジア 8 カ国、エチオピアなどアフリカ 33 カ国、キリバスなど大洋州 4 カ国、イエメン、ハイチの計 47 カ国が分類されている。ODA 額は、返済義務のない贈与と、利率と償還期間を公式に当てはめて算出された有償資金協力を合計した贈与相当額の合計である。利率が低かったり償還期間が長かったりすると、ODAとして計上される額が大きくなる。ODA 額が問題になるのは、1992 年のリオ会議（地球サミット）以降、開発や環境保全のための資金を国民総所得（GNI）比 0.7% の ODA で賄うという国際的な約束が合意されているからである。最近では SDGs の達成に必要な資金源としても GNI 比 0.7% 目標が掲げられている。DAC が毎年、国別の ODA 供与額を公表するので、どの国が国際約束を果たしていないのかはすぐわかってしまう。それでも、この約束を果たしている国はとても少ない。

　日本は 1992 年に ODA 大綱を閣議決定し、貧困削減、環境保全、経済的な離陸への支援を掲げた。2003 年の改訂では人間の安全保障（88 ページ参照）を追加し、同時に経済権益の確保など国益を重視することも盛り込んだ。2015 年には同大綱は開発協力大綱へと名称を変えたが、基本的な理念は同じである。被援助国の発展だけでなく、日本の利益にもつなげることが ODA のねらいなのである。つまり、外交政策の重要な手段として位置づけられているのだ。この点の評価は難しい。開発協力なら相手国のことを優先的に考えるべきだという意見があれば、日本の税金を使う以上国益を考えるのは当然だという見解もあるからである。とはいえ、国益だけを主張しては外交にならないので、実際にはどのようにバランスをとるのかが課題とならざるをえない。

●チェンバース・ロバート（野田直人・白鳥清志 監訳）『参加型開発と国際協力』明石書店、2000 年
●末原達郎・杉村和彦・鶴田 格 編著『アフリカから農を問い直す』京都大学学術出版会、2023 年

**解説 2**

# 適正な技術と農民参加の重要性

　日本が行なってきた農業 ODA の例として、タンザニアのローアモシ灌漑事業（以下、LMP）を紹介しよう。LMP では 1100ha の水田を造成した。その目的は食料確保と農民経済の向上である。事業の初期段階では高い経済的成果をあげたが、しだいに用水が不足し始め、困窮する農民が増えてきた。

　この問題は、LMP が当初から抱えていた難点によるところが大きい。主要なものとして 4 つある。①半乾燥地帯で流量の限られる湧水に依存していた。このため、上流で稲作を始めるとたちまち水不足が恒常化した。②高収量品種、化学肥料、農薬、コンクリートの農業水利施設、大規模な精米貯蔵施設（❹）など、農民の「身の丈」を超える技術が導入された。③農民にはなじみのない技術が導入され、しかも暑い中でも作業が続くので「日本型稲作はわれわれを殺す」と農民は感じた。④事業面積が広大なために、地区間の利害を調整しにくかった。

　一方、同じタンザニアのバガモヨ灌漑農業普及計画（以下、BIAP）は事業規模が 100ha（実際に造成できた水田は 40ha）と小さく、しかも手作業に依存する割合の高い技術を採用した。BIAP では、農民と行政職員が水路や水田の造成・整備の段階から参加したので、農民たちにとって BIAP は「自分たちの事業」だと考えられた。このように、BIAP は小規模で住民参加型の事業として実施された点に特色がある。❺は、ディーゼルエンジンをつないで動力式に変えた「足踏み式脱穀機」による脱穀作業を示している。こうした工夫が自発的に進むことが農業 ODA の効果を定着させる重要なポイントである。

　途上国農業の強化に投資は必要である。だが、大規模農業投資は農民たちに悪影響を及ぼすことが多い。農民たちの実情に見合った投資の質が確保されていないからである。質の確保には農民たち自身が主役として意思決定し、着実に発展していける仕組みを作ることが不可欠である。その際に地域資源に立脚する継続性、自分たちでコントロールできる技術開発、農民参加の確保などが重要な要素になる。

❹ LMP で導入された精米貯蔵施設（キリマンジャロ州）
撮影：著者、1989 年 7 月 13 日

❺ BIAP における稲の脱穀作業（コースト州バガモヨ）
撮影：著者、2002 年 5 月 15 日

地球の気候変動
生物多様性と農業
感染症
飢餓と肥満
都市化と食・農
紛争と難民
平和と食・農
未来への提言

# 食への権利と
# 食料主権の実現に向けて

## 食への権利と食料主権って何？

執筆：岡崎衆史

**❶食への権利と食料主権の比較**

| | 食への権利 | 食料主権 |
|---|---|---|
| 起源 | 法的権利 | 政治的代案 |
| 対象 | すべての個人 | すべての個人、コミュニティ。小農、牧畜民、先住民、漁民、森林生活者、農村労働者に焦点 |
| 視点 | 国際人権法の視点。政府が保障 | 農村（農業）の視点。小農と市民社会運動が推進 |
| 農業モデル | 具体的な言及なし。食への権利に関する特別報告者は、小規模農民の役割を評価 | 輸出志向の工業型大規模農業ではなく、小農・小規模家族農業を支持 |
| 永続可能性 | 重視 | 重視。特に小規模農家によるアグロエコロジーを持続可能性の要と考える |
| 農地改革 | 食への権利を保障するための政策となりうる | 不可欠 |
| WTOと自由貿易協定、市場 | 食への権利は国際貿易協定よりも優先される。食への権利に関する特別報告者は、WTO農業協定を廃止し、尊厳・自給・連帯に基づく新たな国際食料協定の交渉を呼びかける | WTO農業協定と自由貿易協定に反対。ローカル・サプライ・チェーン、地域市場や産直・提携などを重視 |
| 生命特許と遺伝子組み換え生物（GMO） | 食への権利に関する特別報告者は、特許が農民の種子への権利に否定的影響を与えること、農業生物多様性を脅かしかねないことを懸念 | 生命特許とGMOに反対 |

\* Tina D.Beuchelt, Detlef Virchow,2012, Food sovereignty or the human right to adequate food: Which concept serves better as international development policy for global hunger and poverty reduction? (Agriculture and Human Values 29) の Table3 を参考に筆者作成

　「食への権利」とは、すべての人が健康によく文化的にも適切で生活環境に合った栄養ある食べものを必要な時にいつでも食べることのできる権利で、各国政府はこの権利を保障する義務を負います。

　一方、「食料主権」は、それぞれの地域や国の人々が自らの食と農の仕組みを決定する権利のことです。食料主権は、地域住民にとっては、それぞれの地域に合った食と農の仕組みを決める地域主権であり、国全体でみれば、各国の国民がその国の食と農の制度を決める国民主権であり、各国がそれに基づいて貿易制度などを規制する国家主権でもあります。

　食への権利と食料主権は補い合う関係にあるとともに、食への権利を完全に実現するためには食料主権が必要条件になると考えられています。

食への権利、食料主権、食料安全保障、多国籍アグリビジネス、アグロエコロジー

# 食への権利と食料主権　違いと共通点は？

　すべての人は健康で文化的な生活を営むために適切な食料を十分に食べる必要があります。食への権利は飢餓から逃れる権利として始まり、基本的人権の生存権の一環として発展してきました。この権利は、世界人権宣言、国際人権規約、女性差別撤廃条約、子どもの権利条約などに盛り込まれるなど、罰則はともなわないながらも法的拘束力を持つ国際法制度の構成要素です。実際「食への権利」は多くの国で法制化されています。

　食料主権は、小規模家族農民を中心とする国際農民組織のビア・カンペシーナ（La Via Campesina。スペイン語で「農民の道」）が 1996 年に提案しました。それは、自分たちの食と農の仕組みを決める決定権を取り戻すことを要にした社会変革のための政治的代案でした。というのは、この提案の前年に世界貿易機関（WTO）と北米自由貿易協定（NAFTA）が発足したからです。これらの自由貿易制度を梃子にして、多国籍アグリビジネスが、食と農の生産・加工・流通・販売への支配を強め、世界中で農業と農村を破壊し、農民を苦しめている状況がさらに悪くなると予測されたのです。

　食料主権は、食への権利を基本的権利として位置づけつつ、それを保障するため、自らの食と農の仕組みを決定する権利、農民が持続可能な生産をする権利を含みます。このため、小農や小規模生産者の役割を評価し、生産に不可欠な土地、種子、その他の生産手段を保障し、外部の投入物に依存しない生態系の力を活用するアグロエコロジーが重視されています。

　食への権利が法的権利として出発し、食料主権が政治的代案として出発したことからくる違いはあるものの、2 つの権利は、いずれも食と農の問題を個人や集団の生来の権利として扱い、各国政府は権利を保障する義務を負うと考えているのが特徴です。近年は、食への権利を推進する法律の専門家などと食料主権を主導する農民組織や市民社会組織の間の協力関係が進み、違いはますます小さくなっています。

## 調べてみよう

- ☐ 日本が関わる自由貿易協定にはどんなものがあるだろうか。
- ☐ 新型コロナの感染拡大やウクライナでの戦争によって、世界の食料供給はどのような影響を受けたのだろうか。

地球の気候変動

生物多様性と農業

感染症

飢餓と肥満

都市化と食・農

紛争と難民

平和と食・農

未来への提言

解説
1

# 食料安全保障との関係は？

　食料主権をビア・カンペシーナが提案したのは 1996 年にローマで開かれた国連食糧農業機関（FAO）が主催する世界食料サミットの対抗集会の場でのことだった。この時、サミットでは「食料安全保障」をテーマに掲げていた。

　食への権利や食料主権が不可侵の権利を取り扱うのに対し、食料安全保障は、政治経済的な概念で各国のその時々の優先事項に左右される。

　たとえば、日本の農水省は食料安全保障について「食料は人間の生命の維持に欠くことができないものであるだけでなく、健康で充実した生活の基礎として重要」「全ての国民が、将来にわたって良質な食料を合理的な価格で入手できるようにすることは、国の基本的な責務」とし、「国内の農業生産の増大を図ることを基本とし、これと輸入及び備蓄を適切に組み合わせ、食料の安定的な供給を確保する」と規定する。

　しかし実際には、自由貿易による量の確保を優先しているため、輸入農産物の増加によって食の外国への依存が進み、国内の農村が疲弊し、農家数も農地も減少し、生産基盤が打撃を受けている。ここにコロナ危機やウクライナ危機を発端にした食品価格の高騰が起き、食べものを食べたくても食べることができない人の数が急増した。自由貿易を前提にした食料安全保障では、食への権利が保障できない。それなら農村の疲弊を解消するために、競争力をつけて農産物を輸出できるようにすればいいのだろうか。しかし、輸出先がどのような影響を受けるのかについて注意しないと同じ痛みを他国の農村に押しつけることになる。食への権利は国内にも国外にも普遍的に適用される。

　ビア・カンペシーナは、自由貿易体制を前提にする食料安全保障が、食料の調達先、生産のあり方、環境や文化、社会への影響をなおざりにすることで農業と農村の破壊に加担しているととらえる。したがって、こうした食料安全保障を乗り越えるものとして食料主権を対置したのである。

　気候危機、コロナ危機、ウクライナ危機といった新しい事態は、自由貿易に依存したままでは十分な量の食料の確保さえ危ういことを私たちに示している。「真の食料安全保障」についていま改めて考えるときではないか。

**❷食料安全保障の問題点**

| 多義的。食料の問題を普遍的な権利としては扱わない | 国際関係や貿易など他の政策が優先され、食の問題がおろそかにされがち。他国民の食への権利について無関心になりがち |
| --- | --- |
| 保障する食料の内容が狭い | 量の問題になりがち。文化的適切さ、永続可能性などが考慮されないことが多い |

もっと学ぶための参考文献・資料

●村田 武 編著『食料主権のグランドデザイン』農文協、2011 年
●小規模・家族農業ネットワーク・ジャパン編『国連「家族農業の 10 年」と「小農の権利宣言」』農文協、2019 年

# 解説 2　食料主権を実現するための取り組み

　食料主権は市民社会での議論を通じて豊かに発展し、国際法体系や各国法制度にも盛り込まれ、さまざまな実践も進んでいる。

　2007 年に西アフリカのマリに、80 カ国から 500 を超える人々が集まり、5 日間の討議を経て食料主権の 6 本柱について合意した。すなわち、①人々のための食料に焦点を当てる、②食料を供給する人々を大事にする、③食料システムを地域に根ざしたものにする、④地元の管理に委ねる、⑤知識や技術を構築する、⑥自然と協調する、の 6 つである。ここにビア・カンペシーナの提案から 10 年かけて取り組んできた市民社会の間の合意形成努力が実った。

　この間、ビア・カンペシーナと他の農村組織や市民社会組織は連携して、食料主権のための国際計画委員会（IPC）を立ち上げ、それぞれの国・地域と、国連食糧農業機関（FAO）や国連人権理事会を結んで活動を続け、食料主権を国連や国際政治のなかで実現していくことに力を尽くした。これが、2018 年には国連総会での「農民の権利宣言」（農民とは pesant の略。小農と訳されることもある）の採択につながった。宣言には、食への権利とともに、食料主権が盛り込まれている。

　中南米やアジア、アフリカを中心に食料主権の法制化も進んだ。南米のベネズエラでは 1999 年の新憲法に食料主権の概念が盛り込まれ、2004 年には西アフリカのセネガルで食料主権の原則を含む枠組み法が採択され、2006 年にはマリ、2009 年には中米のニカラグアでも食料主権を含む法律が採択された。さらに、2009 年のボリビア新憲法（南米）、2015 年のネパール新憲法（南アジア）にも食料主権が盛り込まれるなど、各国で法制化の動きが進んでいる。

　都市や地域で食料主権を実践する取り組みも発展してきた。食に関わる問題を民主的に協議し、政策に反映するため、生産、消費、加工、流通、廃棄とリサイクルなどに関わる広範な人々が参加するフードポリシー・カウンシルが北米を中心に広がっている。持続可能なフードシステムを進めるための「都市食料政策ミラノ協定」には 260 の都市が署名し、住民の数は 4 億人を超える（2023 年 2 月現在）。

　ビア・カンペシーナや加盟する組織、農民たちはいま、食料主権を実現するために生態系の力を活用したアグロエコロジーやその一環としての在来の種子を守る運動に力をいれている。

❸韓国女性農民会の在来種子を守る活動。ビア・カンペシーナの 2013 年 6 月の報告書「Our Seeds, Our Future」より

地球の気候変動

生物多様性と農業

感染症

飢餓と肥満

都市化と食・農

紛争と難民

平和と食・農

未来への提言

# 障害のある人と共に歩む農業

## 誰にでも優しい農業とは？

執筆：猪瀬浩平

❶見沼田んぼ福祉農園の収穫祭。障害のある人も、ない人も、高齢者も子ども
もみんなで芋を掘り、会話を楽しむ

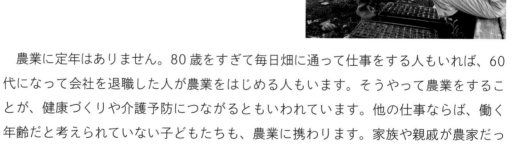

❷見沼田んぼ福祉農園のネギの苗づくり
写真：森田友希

　農業に定年はありません。80歳をすぎて毎日畑に通って仕事をする人もいれば、60代になって会社を退職した人が農業をはじめる人もいます。そうやって農業をすることが、健康づくりや介護予防につながるともいわれています。他の仕事ならば、働く年齢だと考えられていない子どもたちも、農業に携わります。家族や親戚が農家だったら田畑の仕事を手伝うこともあるでしょう。

　親戚に農家がいない人も、体験農園に参加したり、農家民宿に泊まったりして、農業を体験する人たちも多くいます。最近では、障害のある人の仕事として農業が注目されています。このように、農業は他の多くの仕事と違い、多様な年齢・属性の人たちが関わり、やりがいをもつことができる仕事であるといわれています。

# 多様な人が関われる農業とは

　しかし、本当にそうなのでしょうか。たとえば大型機械を使う仕事は、子どもたちが手伝う余地はありません。トラクターやチェンソーなどの農業機械は、作業効率をあげますが、一方で怪我や事故の危険をもっています。農薬を安全に使うためにも、細心の注意が必要で、子どもたちが作業に関わることはできません。一人の仕事の効率をあげることを追求することは、実は効率よく働けない人が関わることができないことでもあります。ですから、高齢者や子ども、障害のある人が関わることができる農業にするにはどんな形がいいのか、考える必要があります。無農薬で手作業を中心に農作業をしていれば、草取りも収穫にも子どもたちは活躍します。畑に集まってくる虫をとったりすることも、遊び・楽しみになります。そうやって田畑で遊んだことが、将来的に農業への関心を高めることでしょう。高齢者や障害のある人が農作業を行なうことは、農産物や加工品を販売し、収入になるだけでなく、家族や地域の中で役割をもつことで生きがいや、日常的な健康づくりにもつながります。

　近年、これまで福祉制度で考えられていたことと、農業を結びつける動きがひろがっています。たとえば、農業を通じて障害のある人や高齢者、生活困窮状態の人たちが農業に携わり、収入を上げるとともに、自信や生きがいをもって生きられるようにする農福連携が各地で展開されています。農業・農村側としても労働力の確保や、荒廃農地の活用などの面で期待されています。ここで重要なのは、障害のある人が単に農作業の一部に従事し、収入を上げることだけではありません。農業をすることで、その人が地域社会や自然環境とのかかわりや、自分のできる仕事の幅を拡げ、やりがいや生きがいをどれだけもてるようになっているのか、そして地域社会の障害者差別が解消されているのかを丁寧に見ていく必要があります。

## 調べてみよう

- ☐ 農業をしている高齢者と、していない高齢者と、一日の過ごし方や、家族や地域の中での役割にどんな違いがあるだろうか。
- ☐ 自分の暮らしている地域で、どんな農福連携の取り組みがなされているのか、自分の暮らしとどのように関わっているのか。
- ☐ 子ども向けの農業体験イベントへの参加が、家庭の経済状況によってどんな影響をうけるのか考えてみよう。

地球の気候変動

生物多様性と農業

感染症

飢餓と肥満

都市化と食・農

紛争と難民

平和と食・農

未来への提言

# Welfare と Well-being
## ──農と福祉を融合する背景

　福祉は通常、ウェルフェア（Welfare）の訳語とされる。Welfare は、17〜18世紀ごろ、国家による救貧的な制度的実践を指す語として定着した。経済的な自立ができない人に対して、国家がモノやサービスを提供するという点を強調する。そのため、Welfare の訳語としての福祉は、弱者に対し、国家や慈善団体が恩恵として施すものという意味を持つ。一方、近年では、健康や生きがい、働きがい、自信や誇りの創出といった意味合いを持つウェルビーイング（Well-being）も、福祉の訳語として使われるようになっている。人びとを弱者として支援の対象とする Welfare に対して、Well-being は人々をより良い暮らしを生み出す「主体」としてとらえる。

　このように福祉を Well-being でとらえることは、農業と福祉をつなげて考える際にも、重要な示唆を持つ。リハビリテーション、ならびに健康な中高年者を対象とした日常的な健康づくり（予防医学）の重要性が指摘され、森林療法や園芸療法などの里山や遊休農地の有効活用と結びつけた実践が、全国各地で模索され始めている。また障害のある人や、高齢者、生活困窮状態にある人たちが農業分野に参加・活躍することで、収入を上げるとともに、自信や生きがいを持って生きられるようにする農福連携も注目されている。

　❸は、農林水産省が作成した農村振興局がつくった「農福連携の取組方針と目指す方向」に示されたものである。この図において、農福連携は、農業・農村が抱える労働力の確保や、荒廃農地の解消という課題と、障害者福祉が抱える就労先の確保という課題を解消するものと位置づけられる。そのうえで、目指すべき方向として「農業生産における障害者等の活躍の場の拡大」と、「農産物等の付加価値の向上」「農業を通じた障害者の自立支援」が示される。

　農福連携においても、障害者の主体性は、労働力として荒廃農地の解消や生産性の向上に役割を果たす点に重点がおかれ、それ以上の地域社会の担い手としての側面についての注目は必ずしもなされていない。障害者が農業生産に関わることの延長で、どのように地域社会の担い手になるのかについて、さらに踏み込んで考えていく必要がある。

### ❸「農」と福祉の連携

| 【農業・農村の課題】 | 【福祉（障害者等）の課題】 |
| --- | --- |
| ・農業労働力の確保<br>・荒廃農地の解消　等 | ・障害者等の就労先の確保<br>　障害者965万人のうち雇用施策対象者は約377万人、<br>　うち雇用（就労）しているのは約94万人<br>・工賃の引き上げ　等 |

障害者などが持てる能力を発揮し、それぞれの特性を活かした農業生産活動に参画

| 【農業・農村のメリット】 | 【福祉（障害者等）のメリット】 |
| --- | --- |
| ・農業労働力の確保<br>・農地の維持・拡大<br>・荒廃農地の防止<br>・地域コミュニティの維持　等 | ・障害者等の雇用の場の確保<br>・賃金（工賃）向上<br>・生きがい、リハビリ<br>・一般就労のための訓練　等 |

出典）「農福連携をめぐる情勢」農林水産省農村振興局都市農村交流課

**もっと学ぶための参考文献・資料**

● 石井秀樹「暮らしと自然が育む"場のケア力 ── 園芸療法・森林療法からコミュニティ・デザインへ」
　　広井良典 編『環境と福祉』の統合 ── 持続可能な福祉社会の実現にむけて』有斐閣、123-159、2008 年
● 池上甲一『農の福祉力 ── アグロ・メディコ・ポリスの挑戦』農山漁村文化協会、2013 年
● オリバー , M.『障害の政治 ── イギリス障害学の原点』明石書店、2006 年

解説
2

# 障害のある人と地域の結びつき
## ── 農業のあり方から考える

　障害のある人や高齢者が、福祉サービスの対象となったのは、それまで地域社会に一定の役割を担っていた障害のある人や、高齢者が、近代資本主義の成立によってその役割を失ったことによる。

　この過程を、障害学の中心的論客である M・オリバーは次のように整理する。資本主義の成立によって、産業の発展を担う「良質な労働力」を必要とし、それを担う人びとに対して教育を施す一方、就労可能性や教育可能性の観点で、そこにあてはまらない存在を「障害者」として排除した。個人主義のイデオロギーは、障害者が直面する問題を本人が解決すべきものとして認識させ、福祉・教育は障害者の依存状態を助長する形で整備されていく。社会は彼らを排除することで、効率よく運営される。オリバーは、障害を本人が克服・軽減するべき属性ととらえる見方を批判し、障害は近代社会においてつくりだされたものとし、その解決のために社会が役割をもつと訴える（障害の社会モデル）。

　オリバーの枠組みで、農業を見るとき、たとえば大型機械や農薬の導入、単一作物の集約的栽培によってなされた農業の近代化は、作業を効率化することによって担い手を健康な大人に限定し、それ以外の人びとを農業から切り離す側面をもっていたともいえる。実際、埼玉県東部の農村では、1960 年代まで多品種少量生産のなかで、障害のある人にも綿くりや、トマトの皮ふき、食料としてのザリガニ取りといった仕事があり、また家族のなかで民俗行事にも関わっていた。しかし、米の集約的生産に転換するなかで、彼・彼女の仕事が失われ、その結果、家族の世話・介護をうけるだけの「ごくつぶし」に変わってしまった。この点において、多様な作業があるために人の手間を必要とする有機・無農薬農業や、農産物の生産加工は、かつては当たり前だった障害のある人と農業のかかわりを再生させる力ももっているともいえる（❹❺）。

　農福連携が叫ばれる現在、障害のある人が農家になるという議論はなされていない。あくまで農作業を担うことが期待されているだけだ。障害のある人が、農家や農業者となるために必要な制度や、地域社会の体制は何かについて議論していく必要がある。

❹福祉事業所の利用者がヒマワリオイルの原料となるヒマワリの花を
1 本ずつハサミで収穫する　提供：髙橋敦志

❺福祉事業所でのハチミツの瓶詰め作業
提供：髙橋敦志

地球の気候変動

生物多様性と農業

感染症

飢餓と肥満

都市化と食・農

紛争と難民

平和と食・農

未来への提言

# エシカルな消費とフェアトレード

## 私たちの消費が社会を変える？

執筆：渡辺龍也

❶カカオの主要生産地のアフリカでは児童労働が大きな問題になっている。
カカオ農園の下草刈りをする子ども（ガーナ）©ACE

「消費の仕方しだいで世の中を変えられる」なんてホント？ と思われるかもしれません。でも今から200年ほど前、イギリスで奴隷貿易や奴隷制が廃止された裏には、奴隷労働で作られた砂糖を買うのをやめる「不買運動」の広がりがありました。一方近年では、太陽光発電などで作られた再生可能エネルギーを消費者が積極的に買うことが地球温暖化の防止に一役買っています。

「買い物をするのは投票するのと同じこと」と言います。生産者や環境に配慮した「エシカル（倫理的）」な企業の製品を買うのは、エシカルな企業を選んで投票するのと同じことで、そうした選択をする消費者が増えれば増えるほど社会や環境を良くしていくことができるのです。

買い叩き、フェアトレード・プレミアム（割増金）、フェアトレード・ラベル、連帯型（提携型）フェアトレード、ボイコットとバイコット、ビジネスと人権、ESG 投資

# 貧困や児童労働をなくすためにできること

　私たちの食生活を豊かにしてくれるコーヒー、紅茶やチョコレート（原材料はカカオ）。それらを生産する途上国の人たちはどんな生活をしているのでしょう。

　たとえばカカオの生産農家は1980年代初めまではまずまずの生活ができていました。政府が農家を保護・支援したり、先進国が協力して価格を安定させたりしていたからです。

　ところが「新自由主義」の考えが強まるにつれ、政府による保護・支援や価格安定の仕組みが「自由な市場競争」に反するとして縮小・撤廃されました。その結果カカオの価格は続落し、チョコレートの小売価格のうち生産者が手にする割合は５％ほどにまで激減。カカオ農家は貧困生活へと転落していきました。子どもたちは学校に行けず、家計を助けるために働きに出ざるをえなくなりました。そうした「児童労働」についている子どもたちの数は 150 万人超に上ります。

　では、カカオ農家の貧困や児童労働をなくすにはどうしたらよいのでしょう。政府や企業に任せるだけでなく、私たち消費者も「エシカル」な選択をすることで貢献できるのです。その一例が「フェアトレード」製品の購入です。

　フェアトレードは、生産者に人間らしい生活を保証する価格で取引するほか、子どもの教育や保健衛生の向上を支援したり、農薬を使わない農業を後押ししたりしています。

　もしフェアトレードのチョコを買おうとして見つからないときや品数が少ないときは、お店やチョコレート・メーカーにもっとフェアトレードのチョコを置いたり、つくったりしてほしいと伝

❷消費者庁の啓発パンフレット「みんなの未来にエシカル消費」（2020 年）では、ふだんの生活でできるエシカル消費を詳しく解説している。（参考：消費者庁エシカル消費特設サイト https://www.ethical.caa.go.jp/）

えましょう。そうした一つひとつの行動の積み重ねが、カカオ農家の子どもたちを貧困や児童労働から解放し、人間らしく生きられる世界へと変える原動力となるのです。

## 調べてみよう

- [ ] **カカオ豆が栽培・収穫され、チョコレートとなって私たちに届くまでの過程を調べよう。**
- [ ] **今日まで続く「新自由主義」とはどのような考え方なのか調べよう。**
- [ ] **「児童労働」とは具体的にどのような労働のことを指すのか調べよう。**

地球の気候変動

生物多様性と農業

感染症

飢餓と肥満

都市化と食・農

紛争と難民

平和と食・農

未来への提言

# エシカル（倫理的）消費

　近年高まりを見せるエシカル（倫理的）消費 —— 統一された明確な定義はないが、社会（生産者や労働者、地域社会など）や環境に配慮した消費のことをいう（消費者庁は「地域の活性化や雇用などを含む、人・社会・地域・環境に配慮した消費」としている）。エシカル消費が唱道されはじめたのは1980年代後半で、まさに英米発の「新自由主義」が世界を席巻しはじめた時期だった。

　市場での自由競争や効率性を至高の価値とする新自由主義のもとで、企業は合併・買収を繰り返して寡占が進行し、社会コスト・環境コストの削減による利潤の最大化をグローバルに推し進めた。その結果、特に発展途上国の生産者や労働者は窮乏化し、環境の劣化や破壊も進んだ。

　それでも各国政府は、市場への政府の介入を最小化するという新自由主義ドクトリンにこだわり、有効な対策を打ち出そうとしなかった。それに対し、「消費の力」を使って社会や環境への悪影響を軽減し排除しようと市民の間で広がったのが「エシカル消費」ということができる。

　21世紀に入っても新自由主義は衰えを知らず、格差は拡大を続け、テロの温床となる貧困問題は深刻化し、地球温暖化をはじめとする環境問題が危機的状況に陥る中、2015年に国連総会で採択された「持続可能な開発目標（SDGs）」は、12番目の目標として「持続可能な生産と消費」を掲げた（簡潔なスローガンとしては「つくる責任、つかう責任」）。そこでいう「持続可能な消費」はエシカル消費とほぼ同義といってよい。

　日本でも、2012年成立・施行の消費者教育推進法で、「消費者が、自らの消費生活に関する行動が現在及び将来の世代にわたって内外の社会経済情勢及び地球環境に影響を及ぼし得るものであることを自覚して、公正かつ持続可能な社会の形成に積極的に参画する」ような"消費者市民社会"の実現が企図され、2015年からは消費者庁がエシカル消費の推進に力を入れている。

　エシカル消費には、エコ、フェアトレード、オーガニック、リサイクル、寄付つき、動物福祉に配慮した商品や、被災地産品、障害者が作った製品、伝統産品、地産地消、地元商店での買い物といった消費行動そのもののほか、省エネ、再生エネルギーの使用、自転車・公共交通機関の利用、ゴミ・食品ロスの削減、ESG投資など幅広い行動が含まれている。

　エシカルな意識の高まりに応えて、企業側も環境配慮に加え人権に配慮した「ビジネスと人権」の取り組みに力を入れ始めている。

# フェアトレード

　「フェアトレード」とは公正な貿易（ないし取引）のことで、一般的には発展途上国の零細な生産者や労働者の人たちが作った農産物（コーヒー、紅茶、バナナ、チョコレートなど）や製品（衣類、手

**もっと学ぶための参考文献・資料**

● ＦＬＯほか 編（北澤肯ほか 訳）『これでわかるフェアトレードハンドブック』合同出版、2008 年
● 渡辺龍也『フェアトレード学』新評論、2010 年
● 長坂寿久 編著『フェアトレードビジネスモデルの新たな展開』明石書店、2018 年
● 山本良一・中原秀樹『未来を拓くエシカル購入』環境新聞社、2012 年
● 山本良一 監修、三輪昭子 著『身近でできる SDGs エシカル消費』（全 3 冊）さ・え・ら書房、2019 年
● 消費者庁ウェブページ（エシカル消費普及・啓発活動）
　https://www.caa.go.jp/policies/policy/consumer_education/public_awareness/ethical/

工芸品、アクセサリーなど）を公正な価格で買い入れることによって、彼らが貧困から抜け出し自立できるよう支援する活動を指す。

　フェアトレードは第二次世界大戦直後から国際協力 NGO によって始められた。当初はチャリティ的な活動だったが、次第に中長期的な視野に立って零細な生産者・労働者の自立を後押しする活動へと変わっていった。1980 年代からは一般の消費者にも手に取ってもらえるよう、品質やデザインを重視する市場指向が強まり、90 年代に入ると一般の企業にも参画してもらえるよう、明確な基準を設けて基準を満たした製品を認証する「フェアトレード・ラベル」の仕組みが先進諸国に生まれ、市場が拡大していった。

　このようにフェアトレードには、NGO やフェアトレード団体が途上国の生産者・労働者に寄り添って直接取引してきた伝統的な「連帯型」と、主として企業がフェアトレード・ラベルを使って生産／販売する「認証型」の、二つのフェアトレードがある。

　連帯型はフェアトレード 10 原則、認証型はフェアトレード基準を設けて活動の質の確保と向上を図っている。一部に違いはあるものの、公正な価格／賃金の支払い、前払いの励行、中長期的な取引、児童労働・強制労働の禁止、社会開発（教育や医療・保健衛生）の推進、環境の保護など、主要な点では一致している。

　新自由主義政策は先進国内でも零細な生産者を窮地に追い込んでいることから、近年では立場の弱い生産者を対象にした「国内フェアトレード」が始動している。途上国においても、先進国市場だけに頼らず国内市場（特に台頭する中流層）にも目を向けた国内フェアトレードが始まっていて、フェアトレードは従来の途上国−先進国間にとどまらない広がりを見せている。

**❸国際フェアトレード認証ラベルと国際フェアトレード基準**

| 国際フェアトレード認証ラベル | 国際フェアトレード基準 |
| --- | --- |
| 製品を認証する | 経済・社会・環境の 3 つの側面からなる |

| | |
| --- | --- |
| **経済的基準**（Economy） | ・フェアトレード最低価格の保証<br>・フェアトレード奨励金の支払い<br>・長期的な取引の促進<br>・必要に応じた前払いの保証　など |
| **社会的基準**（Society） | ・安全な労働環境<br>・民主的な組織運営<br>・児童労働・強制労働の禁止<br>・差別の禁止　など |
| **環境的基準**（Environment） | ・農薬・薬品の使用削減と適正使用<br>・有機栽培の奨励<br>・土壌・水源・生物多様性の保全<br>・遺伝子組み換え品の禁止　など |

出所）Fairtrade International

資料提供：フェアトレード・ラベル・ジャパン

地球の気候変動

生物多様性と農業

感染症

飢餓と肥満

都市化と食・農

紛争と難民

平和と食・農

未来への提言

# 2020年のノーベル賞は WFP 国連世界食糧計画に

**執筆：中井恒二郎**

　国連世界食糧計画（WFP）は、2020年にノーベル平和賞を受賞しました。ノルウェーのノーベル委員会は、「飢餓との闘いへの功績、紛争の影響を受けた地域の平和に向けての改善の貢献、戦争や紛争の武器としての飢餓利用を阻止する努力」などを受賞理由に挙げました。そもそもWFPとはどんな組織で、平和の実現に向けてどんな活動をしているのか、筆者の経験も織り交ぜながら、以下、紹介していきます。

## ◎ WFPの歴史と食料支援の実際

　WFP は 1961 年に設立された国際連合の一組織で、発足当初は開発途上国に対する食料支援を行なう実働部隊という位置づけでした。世界各地で起こる自然災害や紛争への対応を皮切りに、ベトナム戦争の影響によるカンボジア飢きん、干ばつによるエチオピア飢きんなどへの対応を通じて、開発

❶ロヒンギャ難民の子どもたちと筆者 ©WFP

途上国政府と一緒に長期的な食料安全保障の確立も目指すようになりました。

　しかしながら、冷戦後の 1990 年代以降、世界各地で紛争の影響による緊急食料支援のニーズが爆発的に増大していき、2021 年には、WFP は世界 120 ヵ国以上で 1 億 2800 万人に対して 1 兆 2000 億円（96 億ドル）規模の活動を行なう、世界最大の人道支援機関となりました。

　筆者は 2001 年に WFP に入職しましたが、その勤務地はスーダン、パキスタン、バングラデシュ、ミャンマーなど、紛争と関連がある国々の国境地帯でした（❶）。ミャンマーでは紛争勃発のために勤務地から退避を余儀なくされたことがあり、スーダンでは銃撃戦に巻き込まれそうになったことも何度かありました。飢餓というのは、難民・避難民がいる地域、政治的に不安定な地域で発生しやすいので、国境地帯で働くことが多いのは、職業柄必然の結果だと言えます。

　バングラデッシュでは、ミャンマーから来たロヒンギャ難民 90 万人に対して食料支援を行ないました。食料支援というと、お米の袋や食用油などを配っているという

❷ Eバウチャー・ショップで食料を購入するロヒンギャ難民　©WFP

イメージがあるかもしれませんが、バングラデッシュでは、Eバウチャー　という電子クーポンの形で、難民に対して毎月12ドル分を渡して、キャンプ内に設置したEバウチャー・ショップで自分たちがほしいものを購入できるという支援を行ないました（❷）。Eバウチャーは、食料の多様化により難民たちの栄養向上を目指すだけでなく、「（選択できることで）人間としての尊厳を取り戻せた」と難民たちから感謝されました。

　また、WFPは「支援者と受益者」という立場を超えて、「サービス提供者と顧客」という観点から、難民からのニーズに応えてショップ内に「生鮮コーナー」を設置しました。新鮮な魚、鶏、果物、野菜など50種類以上の生鮮品を地元農家や仲介業者から購入し、ホストコミュニティ（受け入れ国側の住民たち）にもお金が落ちる仕組みをつくることで、難民とホストコミュニティ間の軋轢を防ぎ、社会的結合を促進する役割を果たしました。

## ◎ノーベル平和賞受賞の意味するもの

　バングラデッシュは一例ですが、世界各地でWFPとそのパートナーたちが、創意工夫を凝らしながら、飢餓と闘い、紛争地域の平和に向けての改善に貢献し、飢餓を紛争の武器として利用されないように努力を続けています。WFP職員のなかには、紛争地帯で危険を顧みずに、現場の最前線で支援活動を行なっているため、職務中に命を落とす人たちもいます。今回の受賞は、これまでに働いてきた世界各地のWFP職員と、今までWFPの活動を支えてくれたドナー、パートナー、サポーターすべての人たちの受賞であると考えます。

　受賞のもう一つの意義として、2020年に起こった、新型コロナウイルスのパンデミックや気候変動による砂漠バッタの異常発生など、新しい地球規模の危機により世界中で被災者が増大するなか、将来ますます平和に向けた飢餓との闘いが重要性を増していくというメッセージが、受賞に含まれていたのではないかと推察しています。2022年を迎えて、ウクライナで戦争が起こり、世界的に食料、燃料、肥料価格が高騰を続けて、飢餓人口が8億人を再び突破しました。SDGsにある「飢餓をゼロに」の目標を2030年までに達成できるか、飢餓との闘いは今後も続いていきます。

地球の気候変動

生物多様性と農業

感染症

飢餓と肥満

都市化と食・農

紛争と難民

平和と食・農

未来への提言

執筆：池上甲一

Column 8

# 広がり始めた農と福祉と医療をつなぐ取り組み

## ◎高齢社会と医福農連携

　日本の農業は高齢化しているとしばしば指摘されます。まるで高齢者が働いていては悪いようにも聞こえます。しかし一般企業で働く人の多くが60歳前後で定年退職し、退職後は暇を持て余していることと比べれば、70歳でも80歳でも圃場に出て元気に働けることはむしろ幸せではないでしょうか。農業で働く高齢者は健康で生き生きしています。適度な農作業が健康増進と精神的なリフレッシュに役立つのです。また農業をすることで、他の人たちとのつながりが維持され、社会的な「居場所」を確保できるのです。このことは、健康を「完全な肉体的、精神的及び社会的福祉（well-being）の状態」ととらえる世界保健機関（WHO）の考え方を想起させます。

　農業がもつこうした健康とウェルビーイングを強化する力を活用して、農業と福祉を結びつけているのが園芸福祉や園芸療法です。日本では特に農業と障がい者福祉を結びつける「農福連携」が主に取り組まれています。ただそれだと障がい者に限定されます。もっと幅広い人を対象にするのが医福農連携です。特に高齢社会に向かう日本では高齢者政策が重要になります。高齢者には肉体的健康に加えて、精神的な不安や社会的な孤立（つながりの希薄化や居場所がない）へのケアが大切です。医福農連携はこの問題への手がかりとなります。

## ◎アグロ・メディコ・ポリスの可能性

　私は研究のなかで、長野県の臼田地域がそうした医福農連携のすぐれた取り組みをしていることに気づきました。そこでは有機農業や家庭ごみのコンポスト化、さらには地域文化活動までが佐久総合病院と福祉施設（佐久総合病院系列）を中心として多層的な圏域を形成していました（❶❷）。このように農村の地域資源が医療・福祉・保健・介護と密接に結びつき、経済的循環と物質循環が生まれている複合体

をアグロ・メディコ・ポリスと呼ぶことにしました。全国には農協系列の厚生連病院や医療生協など、協同組合的な医療機関があるので、どこでもアグロ・メディコ・ポリスを目指すことは可能です。公営・民間の医療機関と連携できれば、さらに可能性が広がります。

　アグロ・メディコ・ポリスは高齢者の身体的・精神的・社会的な自立と健康寿命の延長に結びつきます。暮らしている地域が豊かな生態系と美しい景観に恵まれていれば高齢者のウェルビーイングはさらに高まります。

❶ 1955（昭和30）年頃の佐久総合病院の病院祭　提供：佐久総合病院

❷ 2019年病院祭。院内デイケア体験ブース　提供：佐久総合病院

地球の気候変動

生物多様性と農業

感染症

飢餓と肥満

都市化と食・農

紛争と難民

平和と食・農

未来への提言

# 小さな農業が次の時代を切り開く

## 小規模 vs 大規模農業
## 誰が世界を養うのか？

執筆：松平尚也

❶誰が私たちを養っているか

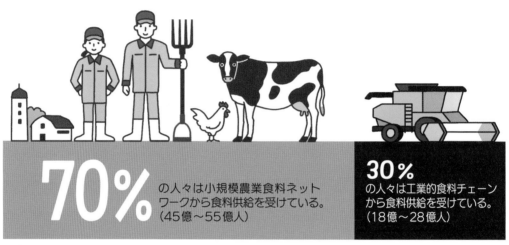

**70%** の人々は小規模農業食料ネットワークから食料供給を受けている。（45億〜55億人）

**30%** の人々は工業的食料チェーンから食料供給を受けている。（18億〜28億人）

出典）ETC group（2017）"Who Will Feed Us?：The Peasant Food Web vs. the Industrial Food Chain
（誰が世界を養うのか？小農の食料ネットワーク対工業的食料チェーン）" October 15, 2017 をもとに作成

　世界では「2050年食料問題」が大きな議論となっています。2050年に人口が90億人を超え、食料が不足する恐れがあるというのです。議論の中心は、どういった規模や形態の農業が食料生産を担い世界を養うことができるのかという点にあります。

　第2次世界大戦後の世界では、農業の近代化と農産物貿易の自由化が推進され、資本が主導する工業的で大規模な農業が食料システムのなかで大きな役割をもつようになりました。一方で2007年〜2008年に起こった世界食料危機や新型コロナ禍でわかった食料格差の拡大は、巨大化した食料システムの弊害を露呈させました。

　さらに気候変動が深刻化するなかで、大規模農業や食料システムの永続可能性が問題視されるようになっています。そこで注目されているのが世界の小さな農業です。国連や研究者は、小農による農業が農業・農村の永続性を高め、さらに地域の環境と調和的でエネルギー使用効率もよいと再評価しています。

# 農産物貿易自由化、小農による農業、大規模農業、食料危機、2050年食料問題

　世界の農産物貿易はここ数十年拡大を続け、1990 年代に 3000 億ドル台だった貿易額は、2010 年代には 1 兆ドルを超えるようになりました。その一方で新型コロナ禍とそれに続くウクライナ危機は、グローバルな物流に大きな影響を与え、飢餓人口の拡大や食料危機を引き起こしました。多くの国が主食用の農産物輸入に依存する一方で、生産は一握りの輸出国が占め、また流通のほとんどを穀物多国籍企業が独占するという食料システムの脆弱性が露わになった格好です。

　紛争、気候変動、貧困の悪循環が重なり、食料危機が深刻化するなかで脚光を浴びたのが小さな農業です。国連は家族農業の 10 年、小農の権利宣言を採択し、小規模農業が永続可能な農業・農村の担い手であるとして再評価しました。国際 NGO の調査（❶）では、小規模農業が少ない資源を活かして人類が直接口にする食料の 70 ％を供給しているという結果が出ています。しかしそうした結果をめぐる反論も生まれており、各国ごとの統計や農業の形態も異なるため明確な答えは出ていません。

　誰が世界を養うのか？ 明らかなことはこれまで当たり前とされてきた食料の貿易は不安定化し、日本のような食料輸入国は、海外からの輸入が停止し毎日の食に困る可能性が出てきたということです。大切なのは日々の食卓から、自分の食べるものがどこからきてその向こう側にどうした課題があるのか考えることといえるでしょう。

## 調べてみよう

- ☐ 小規模農業、大規模農業のメリット、デメリットをそれぞれあげてみよう。

- ☐ ウクライナ危機は食料の生産や供給にどのような影響を与えたか。

- ☐ あなたが食べている食品について、小規模農業から供給されたものと大規模農業や工業的食品チェーンから供給されたものを区分けしてみよう。

地球の気候変動

生物多様性と農業

感染症

飢餓と肥満

都市化と食・農

紛争と難民

平和と食・農

未来への提言

# 小さな農業への国際的な注目

解説
1

　世界で小さな農業が注目されている。小さな農業を表す言葉は、「小農」「家族農業」「小規模農業」「小農民」とさまざまで、文脈によって異なる。しかし、いずれも、気候変動や農業のグローバル化の問題が表面化するなかで、農業・農村を永続させる担い手として評価している点が共通している。しかもこの評価は、国際機関や研究界のみならず、市民社会まで幅広く共有されている。

　国連は 2018 年に小農の土地・種子や政策参加への権利を明記した「小農と農村で働く人びとの権利に関する国連宣言」を採択し、国際的な小農評価の潮流を生み出した。小農の権利宣言は農業者だけでなく、自給農家、土地なし農民、農業労働者も含め農村で暮らし働く人びとを小農に含めることで、農村の永続可能性を高める内容となった。画期的だったのは、当事者の小農自身が国境を越える農民運動を展開し宣言の土台をつくった点だ。

　市民社会や NGO の小さな農業の評価も、国際社会の動きに影響を与えた。グローバルな食料・農業問題を扱う NGO・ETC グループは、報告書「誰が私たちの食料を養うのか？（Who Will Feed Us ？）」において、工業的大規模農業が農業資源の 75％ も利用して世界の食料生産の 30％ しか供給していないのに、小農の食料ネットワークが 25％ の農業資源で同じく 70％ を供給していると結論づけた（❶）、小農の食料供給者としての役割を再評価するきっかけをつくった。

　小さな農業については、欧米の農業政策においても議論が交わされてきた。米国では、戦後の農業の大規模化のなかで農家数が激減したため、農村の維持が困難化し、1981 年に米国農務省が「行動のとき」という小規模農業を再評価する報告書を発表して、その後の小規模農家支援の流れがつくられた。欧州でも大規模農場に偏よっていた農業補助金から、小規模農家向けの予算を拡充する流れが生まれ

❷小農学会で挨拶する山下惣一さん（1936 〜 2022）。
佐賀県唐津市でミカンと棚田の稲作を営む農民作家だった
撮影：高木あつ子

ている。こうした政策潮流の背景にはいま述べたような小農再評価があるといってよい。

　欧州の小農再評価の中心人物であるヤンダウェ・ファン・デル・プルフは、新自由主義時代を自立的に生き抜く小農を新しい小農と呼んだ。そこでは企業・資本主義的農業とは異なり、農業経営の多角化や高付加価値化、内的資源を活かす小農的農業により暮らしを成り立たせる小農に脚光をあてた。

　小さな農業は、気候変動が激化するなかで永続可能な食料供給および農業・農村の担い手として世界で重要視されるようになっている。必要なのは小さな農業が活性化するように食料システムを変え、そこに向けて当事者が参加できる政策づくりである。

●萬田正治・山下惣一 監修、小農学会 編著『新しい小農──その歩み・営み・強み』創森社、2019 年
●山下惣一『振り返れば未来──山下惣一聞き書き』不知火書房、2022 年
●秋津元輝 編『年報・村落社会研究 55──小農の復権』日本村落研究学会企画、農文協、2019 年

# 解説 2　日本の小さな農業の価値

　日本でも小さな農業への注目が始まっている。日本の農業政策のなかで小さな農業は、長年隅に追いやられてきた。しかし近年は農業者の高齢化・耕作放棄地増大のなかで、地域の永続可能な農業の担い手として中小・家族経営、半農半 X という視点から見直され始めている。2020 年農業センサスによると、日本の約 107 万 6000 の農業経営体のうち 96% を個人経営体が占める。地域別の一農業経営体当たりの経営規模は、大規模化が進む北海道や東北・北陸以外は 2ha 以下となっており、小規模農業が地域農業を支えているのが現状である。

　小さな農業については、農政や研究界において繰り返し議論が行なわれてきた。明治の近代化政策においては、欧米から農業機械や技術を導入し、小規模な日本農業を大規模・企業化するという大農論が唱えられた。その一方で、日本農業の本質を家族農業に基づく小農的農業とする小農保護論も展開された。

　第二次世界大戦後は、農地改革の下で耕作者みずからが農地を所有する自作農主義が戦後農政の基本原則となり、小規模な自作農が日本農業の基盤を担うようになった。日本の農地改革は、世界でいまだ地主制のもとで苦しむ小農が多く、農地改革がうまくいく例が少ないなかで歴史的に稀にみる成功例とされている。1950 年代は自作農主義を基盤として食料増産と農業復興・農村民主化が各地で進められ、小さな農業は息を吹き返すかに見えた。しかし、1961 年に制定された農業基本法の下で推進された農業の近代化は日本農業の姿を急激に変貌させていく。同法では小麦や大豆といった基幹作物の輸入を前提として、これの作物以外の稲作の大規模化と経営的に有利な作物・部門への専門化が目標とされ、農業の専業化・画一化が進められた。そこでの小農はもっぱら資本主義との関係で議論され克服されるべき対象とされた。しかし実際に農業の近代化が進むとその弊害が明らかになってきて、小農に再び光があたり、近代化とは異なる自給型小農複合経営等といった各地での実践につながっていった。

　東西冷戦以降に広がったグローバル化は、世界規模の食料貿易を拡大させた一方、各国では農産物自由化の拡大に向けた新自由主義的な農業改革をもたらし、日本でもさらなる農業の大規模化と企業化路線が追求された。

　こうした流れに対抗し設立されたのが、農業のグローバル化に異議を唱える小農学会だ。学会共同代表の山下惣一は 1970 年代の小農論を引き継いで「暮らしを目的に営まれているのが『小農』」と定義した。小農学会には、小農自身によるもう一つの農業の道を求める農業者が集まった。彼らは有機農業や農家民宿などを自立的に実践する「新しい小農」たちであった。海外の新しい小農の特徴を、日本に当てはめると、農産加工や 6 次産業化、直売所や道の駅の取り組みも小農的農業ととらえることができるといえる。一方で日本の小さな農業をめぐる議論は、海外と比べるとムラとつなげて語られる傾向がある点に特徴がある。この点は、今後の日本の農業・農村の先行きを考えるうえでとても大切になっているといえる。

地球の気候変動

生物多様性と農業

感染症

飢餓と肥満

都市化と食・農

紛争と難民

平和と食・農

未来への提言

# 人らしく生きる田園回帰

## 人はなぜ田舎に向かうのだろう？

執筆：藤山 浩

**❶ 25歳～39歳流入超過市町村**

（凡例）
国勢調査 2015 年と 2020 年から算出
■ 流入超過 5％以上（195）
■ 流入超過 0％～ 5％未満（191）
□ 非過疎指定市町村＋ 23 特別区
▨ 避難地域を含む市町村

過疎指定市町村のなかで、2020 年時点の
25 歳～ 39 歳世代が、2015 年時点の 20
歳～ 34 歳世代と比較して、流入超過となっ
ている自治体マップ
一般社団法人持続可能な地域社会総合研究
所作成

　2010 年代に入り、今まで人口減少に悩んでいた過疎地域のなかで、20 代後半から
30 代にかけての若者世代が流入超過となっている市町村が半分近く（814 市町村中
386）になっています（❶）。それまでは都市へ流出してそのままとなっていた世代が、
いま、なぜ田舎へと向かい始めているのでしょうか。

　人口移動には、必ず、ある地域から押し出す要因と、ある地域に引き入れる要因の
2 つの背景があります。現在起きている都市部から過疎地域への若者世代の移住増加
には、まず都市部における暮らしや雇用の劣化があります。都市部においても賃金は
大きく伸びていませんし、長時間労働と長時間通勤は暮らしの余裕を奪っています。
社会や経済で分断が進み、自分の仕事が誰かの幸せにつながっている実感が得にくい
現実があります。一方、過疎地域では、長年の人口流出により後を継ぐ世代が決定的
に不足し、仕事や土地、家屋が新たな担い手、使い手を求めています。

# 実際に移住者が増えている地域では？

　では、実際に移住者が増えている地域では、どんな取り組みが行なわれているのでしょうか。

　2010年代前半において、30代から40代にかけての移住者が目立った香川県東かがわ市五名地区（人口283人、高齢化率53.4％、2015年）を訪ねてみました。

　五名地区では、2000年頃から、地区ぐるみで活性化委員会を立ち上げ、農家レストラン「五名ふるさとの家」（❷）をオープンし、地域内外の交流の場としています。そして、2013年頃からは「薪ステーション」（❸）も整備し、里山の資源を上手く活用しています。

　このような小規模ながらも多様な人々や自然とのつながりを育む地域にUターン（出身者が帰郷する動き）やIターン（出身者以外が移住する動き）が増えているのです。

❷農家レストラン「五名ふるさとの家」

❸「薪ステーション」

　これまでの大都市への人口集中を支えたものは、化石燃料の大量使用を基にした「大規模・集中・グローバル」の経済でした。しかし、今や、地球温暖化防止のためにも、世の中全体を再生可能エネルギーを基にした循環型社会へと進化させていく時代となっています。その先端を切り開くのは、大きな都市ではなく、再生可能な資源やエネルギーに恵まれた過疎地域となります。長続きする暮らしを求める若い世代の目は、今、田舎に注がれ始めています（※）。

## 調べてみよう

☐ **自分が住んでいる市町村で、最近の5年〜10年で、各世代の流入や流出がどのように変化しているか、国勢調査や住民基本台帳のデータで確かめてみよう。**

☐ **新しく移住してきた人々や地域おこし協力隊が、地元でどんな仕事や暮らしをしているか、学校などに招いて聞いてみよう。**

※　過疎地域に移住して地域づくりに挑戦したいという人のためには、「地域おこし協力隊」という3カ年生活費などがサポートされる制度もあります。

地球の気候変動

生物多様性と農業

感染症

飢餓と肥満

都市化と食・農

紛争と難民

平和と食・農

未来への提言

## 田舎の生活は不便！？
#### ──「合わせ技」の「小さな拠点」づくり

　田舎に移住すると、生活が不便で困るのではないかという声をよく聞く。たしかに、数百メートルおきにコンビニエンスストアがあるような都会並みの利便性は存在しない。また、人口減少により、次々と既存の商店や学校などの施設が消えている現実もある。

　一方で、分野縦割りの発想を脱却し、分野を横断した「合わせ技」の仕組みにより、暮らしと定住を支える拠点をつくる挑戦も始まっている。

　国土交通省および内閣府では、人口減少や高齢化が進む中山間地域において、「小さな拠点」づくりを提唱し、支援している。「小さな拠点」とは、小学校区など複数の集落が集まる基礎的な生活圏のなかで、分散しているさまざまな生活サービスや地域活動の場などを「合わせ技」でつなぎ、人やモノ、サービスの循環を図ることで、生活を支える新しい地域運営の仕組みをつくろうとする取り組みだ（❺）。

　たとえば、広島県三次市川西地区では、住民が中心となってコンビニエンスストア・ミニ産直市・地元食堂から構成される「小さな拠点」を整備、運営している（❹）。

❹川西郷の駅　いつわの里（広島県三次市川西地区）

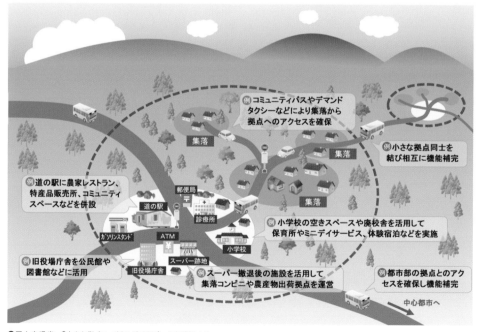

❺国土交通省 「小さな拠点」づくりガイドブック実践編より

**もっと学ぶための参考文献・資料**

●藤山 浩 編著『「小さな拠点」をつくる』（「図解でわかる田園回帰1％戦略」第3巻）、農文協、2019年
●大森 彌・小田切徳美・藤山 浩 編著『世界の田園回帰』（「シリーズ田園回帰」第8巻）、農文協、2017年

**解説 2**

# 他の先進国でも、地方の過疎は進行？
## ── ヨーロッパでは田園回帰

　多くの先進国、特にヨーロッパにおいては、田園回帰傾向が定着している。日本で懸念されている「地方消滅」のような極端な人口減少やその予測に悩んでいる国はほとんどない。以下、2017年に発刊された『世界の田園回帰』から各国の概要をまとめてみた。

　まず、ドイツでは、2005～2030年における農村地域全体の人口予測は5%程度の減少にとどまっており、ほぼ安定基調にある。また、何よりも、「農村地域」が、現状においても、国土面積の90%を占め、人口割合では58%、就業人口では52%を占めており、極端な都市地域への集住が見られない。日本との大きな違いである。

　フランスでは、1975年時点で農村地域人口は長期にわたる減少局面をほぼ脱し、1999年以降は増加に転じている。「百姓」になりたがるエリートの存在も注目を集めているという。

　日本と同じく第二次世界大戦後において農業・農村の衰退が進んだイタリアでは、1990年代後半から、有機農業やアグリツーリズモ、スローフードやスローシティといったイタリア独自の「食と農」を通じた農村イノベーションが注目されている。私も、2010年にイタリア山間部の小さな村を訪ねてその活気や徹底した地産地消に感動したことを覚えている。

　イギリス（イングランド）は、すでに1980年代から田園地域の人口が増え始めていることで知られているが、2010年代に入っても、30～44歳世代を中心に流入・増加傾向は続いている（**❻❼**）。

　いずれの国においても、田園地域が国民全体の暮らしの基盤という社会的合意を背景に、バランスのとれた国土構造を守り、たとえば農業者にはしっかりした所得補償や環境支払いがなされている。

**❻イングランドにおける地域類型別の
　人口増加量・率の比較（1981年～2003年）**

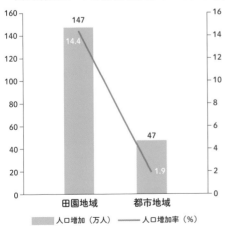

　凡例：人口増加（万人）　人口増加率（%）

出典）Commission for Rural Communities. (2006)
The state of the countryside 2005.

**❼イングランドの田園風景。週末のウォーキングは人気の余暇活動**

地球の気候変動

生物多様性と農業

感染症

飢餓と肥満

都市化と食・農

紛争と難民

平和と食・農

未来への提言

# 食と農を学ぶ場を拡げる

## 新しい農のあり方を楽しく学ぶには？

**執筆：澤登早苗**

**❶小さな畑から見えてくる多様な世界**

ムギとテントウムシ

農を通じた国際交流

落ち葉堆肥

何の野菜の花？

コカブ

カエル

みなさんは、自分がふだん食べているものの素顔を知っていますか？

多くの方が小学校でイネやミニトマトを育て、サツマイモ掘りをしたことがあるのではないでしょうか。それでは、大豆、小麦、サニーレタス、大根、白菜、落花生、里芋はどうでしょう。大根やレタスの花を見たことがありますか。

ふだん食べているものを自分で育てて、その謎を解明してみませんか（❶）。

大きな畑、特別な道具・機械、化学肥料・農薬はいりません。落ち葉堆肥をつくり、タネを播きましょう。耕す地面がないときは大きな鉢やプランターで大丈夫です。水やりや手入れは必要最低限にして、収穫だけを目的とせず、雑草やそこを訪れる多様な生きものにも注目し、生きものが繰り広げる世界を堪能しましょう。花が咲きタネができれば、生命の循環も確認できます。収穫物や各自が体験したことは、みんなで分かち合いましょう。重要なのは、土づくりから食べるところまで、その時空間を丸ごと誰かと一緒に楽しむことです。そこからはいろんなことが見えてくるでしょう。

有機農業、農業・農村の有する多面的機能、資源循環、農業と生物多様性

# 「食べる」と「つくる」の距離を縮めるために

　作物が畑でどう育ちどんな花を咲かせるのか、誰がどこでどうつくっているのか知ることは、いまや非日常的でぜいたくなことなのでしょうか。世界に目を向けると「2007 年 5 月、ヒトが画期的なポイントを通過した。…過半数が農業を営む状態から、都市暮らしへと逆転が起きた」（※）と報じられています。人類にとって当たり前のものであった農業や農村が今や特別な存在となりつつあります。

　しかし、身近なところで作物を育てることは、とても楽しく、そこからさまざまなことが見えてきます。そこには生きるためのヒントや学びもたくさん含まれています。

　たとえば、捨てればゴミとなってしまう落ち葉や生ゴミも、米ぬかと水を加えて熟成させれば上等な土となり、多様な植物がそこに育てば、空気中の二酸化炭素が固定され、そこは生物多様性にとって大切な場となります。本来あるべき農のお手本は、森の営みですが、近代化という名のもとに、農業分野においてもさまざまなことが行なわれてきた結果、食と農のあり方を見直すべきときがきています。

　食と農は地球上に暮らすすべての人に関係する生きるための礎です。食べる人とつくる人の距離が遠くなり、食べているものの素顔が見えなくなっているいまだからこそ、自分がふだん食べているものに関心をもつことが求められています。その第一歩は、誰かと一緒に食べものを育ててみること、それを通していろんなことを学べることに気づくことです。

　たとえ小さな区画でも、循環、共生、多様性を基本とする本来あるべき農業（＝有機農業）で作物を育ててみれば、異なる者や社会的弱者との共生、すべてのものに役割があること、自然界では物質も生命も循環していることに気づかされます。社会も環境も大きく変化を続けるいま、この気づきは、誰ひとり取り残さない社会のあり方について、平和について考え、実践することにもつながるものと確信しています。

## 調べてみよう

☐ 1 週間、食生活日記をつけて、その食材の原産地を調べてみよう。

☐ 近くの畑で何をつくっているのか、
　そこにどんな生きものがいるのか調べてみよう。

☐ 人はなぜ、食を通じてつながることができるのか、話し合ってみよう。

地球の気候変動

生物多様性と農業

感染症

飢餓と肥満

都市化と食・農

紛争と難民

平和と食・農

未来への提言

---

## 解説1　持続可能な食、農、環境への関心を呼び起こす有機菜園プログラム

　2000年以降、食、農、環境に関わる法律の制定や改定が続いている。食育基本法（2005年）、有機農業推進法（2006年）、生物多様性基本法（2008年）が制定され、学校給食法も改正された。2021年には「みどりの食料システム戦略」が策定され、続いて2022年には「みどりの食料システム法」が成立・施行された。

　しかし、みどりの食料システム戦略に対する認知度は農業者の間で3割程度、食品を選ぶときにSDGsを意識している消費者は11.8％程度と低い水準（2022年前半）に過ぎないという。新しい枠組みは用意されたが、これらに対する認知・理解を高め、意識向上・行動変容につなげていけるかどうかは今後の課題である。いま、必要なのは、これまで別々に考えられてきた食、農、環境の問題を、システムとして総合的にとらえていくことであり、これらは、農業者だけでなく、地球上に暮らす全ての生きものにとって喫緊の課題であることを広く実感として認識してもらうことである。そのための有効な手段として、身近な所で、複数の人々とともに、自然と共生する方法で食べものを育てる有機菜園がある。

❷恵泉女学園大学の生活園芸Iの概要

| 対象者 | 1年次の全学生必修授業 |
|---|---|
| 学生数と指導者数／クラス | 学生：平均30±5人／指導者：教員1人・補助員2人 |
| 授業時間／週と実施期間 | 90分×30週／年<br>①4月中旬〜7月下旬<br>②9月中旬〜1月下旬 |
| 畑の割り当て | ①個別管理区画　0.9㎡×3〜4箇所／2人<br>②クラス別共同管理区画 |
| 授業の進め方 | 20〜30分：実習内容の説明・ミニ講義／60分：実習 |
| 栽培品目 | 区画1：ジャガイモ⇒コカブ・チンゲンサイ・ラデッシュ・サニーレタス<br>区画2：キュウリ⇒ダイコン・ハクサイ<br>区画3：サツマイモ⇒ホウレンソウ<br>区画4：ムギワラギク・センニチコウ⇒ショウガ・サトイモ |
| 投入資材 | 牛糞堆肥・発酵鶏糞・米ぬか・草木灰・焼成有機石灰・刈草 |
| 主な農具 | 4本鍬・草刈り鎌・移植ごて・バケツ・ハサミなど |

　筆者は1994年から、人文系女子大である恵泉女学園大学において教養教育として、共生、循環、多様性を基本とする有機農業で野菜を栽培する実習科目を担当してきている（❷）。また、2003年から1カ月に1回、全4回、合計5〜6時間で完結する有機菜園プログラムを作成し、都心の子育て支援施設で実践してきた。近年は多摩ニュータウンの団地内にコミュニティガーデンを設置し、有機園芸

**もっと学ぶための参考文献・資料**

●コックラル＝キング，ジェニファー（白井和宏 訳）『シティ・ファーマー──世界の都市で始まる食料自給革命』白水社、2014 年
●澤登早苗「日本における農業の変化と食農・環境教育の必要性」（レジリエントな地域社会 Vol.7 アグロエコロジーからみた長期的持続可能性と里山 総合地球環境学研究所、2022 年）
https://www.chikyu.ac.jp/publicity/publications/others/img/Resilient7.pdf

を介した地域支援なども行なっている。これらの経験からは、たとえ小さな空間でも有機菜園を設置して定期的に活動を行なうことで、持続可能な食や農、社会のあり方への関心が高まり、行動に変化が表れること、人と人との関係が豊かになることで、現代社会が抱えているさまざまな課題を解決する手段となることが示唆されている。

## 解説 2　都市を耕す市民、大豆・小麦の国産推進を応援する動き

　都市部において小さな空き地を耕して食べものを栽培する動きが近年、ロンドン、ニューヨーク、サンフランシスコ、ソウルなど、海外で盛んになっている（132 ページ参照）。2012 年、『都市を耕す──エディブルシティ』というドキュメンタリー映画が初公開され、日本でもその後、紹介されて大きな反響を呼んだ。「経済格差の広がる社会状況を背景に、新鮮で安全な食を入手するのが困難な都市で、市民自らが健康で栄養価の高い食べものを手に入れるシステムを取り戻そうとさまざまな活動が生まれていく」ことを紹介したものである。コミュニティガーデン、シティ・ファーマーなどと呼ばれるこの動きは、大地を耕し、自ら食べものをつくることが、貧困対策や自立支援、自己肯定感の回復など、人が生きるうえで重要な様々なものをもたらしてくれることを示唆している。

　日本でも都市農業振興基本法が制定され、今や都市農地は都市にとってなくてはならないものと位置づけられるようになった。しかし、いまもなお、都市農地は減り続け、農村部では耕作放棄地が増加している。発想を大きく転換し、国民すべてが自分で食べるものを一度は栽培して食べる国民皆農を、人が生きる基本的な権利の一つとして主張するべき時がきているのかもしれない。身近な所に食べものが育つ姿を見ることができる有機菜園があれば、食と農の関係を考え、学ぶ機会が増え、人々の意識は大きく変わる、農地が少ない都市部では大型プランターで、遊休農地がある地域ではそれを活用して、大豆や小麦など、和食に不可欠であるにもかかわらず自給率が低い作物を育てることを提案したい。

　日本は、戦後、種子法を制定し、稲、麦類、大豆の主要な穀物種子を国・都道府県が主導して生産・普及・改良を進めてきた。世界に誇るべきこの種子法は、2018 年農業競争力強化という名のもとに廃止された。主要農産物の自給率は、米の 100％を除き、小麦で 10 〜 15％、大豆で 7％前後である。輸入に大きく依存している小麦・大豆は、安全性についても問題が指摘されている。小麦ではポストハーベスト農薬や収穫前に散布される除草剤の影響を心配する声が増えている。輸入大豆の大半が遺伝子組み換え大豆である今日、遺伝子組み換え大豆には全て除草剤が散布されていることを憂慮する声も少なくない。

　このような社会的な問題に呼応して、「大豆 100 粒運動」（日本人の食生活の中心である大豆を子どもたちにまき育ててもらうことで、日本の「食」を立て直すことを目指す市民運動）や「新麦コレクション」（小麦農家、製粉会社、流通業者、パン屋、食べる人が小麦というバトンをつなぐチームとなって、「おいしくて安全な小麦があふれる未来」を目指す活動）も始まっている。

地球の気候変動

生物多様性と農業

感染症

飢餓と肥満

都市化と食・農

紛争と難民

平和と食・農

未来への提言

# 一人ひとりが
# 農から「生きる力」を学ぶ

## むらの小さな学校だから
## できることは何？

執筆：斎藤博嗣

❶阿見町立君原小学校の学校農園に集う子どもたち

　「生きる力」は、文部科学省が学習指導要領で、一人の人間としての資質や能力を指す力「知・徳・体のバランスのとれた力」の総称として掲げた理念です。

　「生きる力」を身につけるためには、その本質「生の原点」である「生命」に立ち返って学習する必要があります。「いのちを育む」生命産業である農業：アグリカルチャー（Agriculture）は、農産物を生産するだけではなく多様な学びを内在しています。「文化・教養」を表す「カルチャー（Culture）」の語源は、耕す・農耕です。自らの手足腰・五感を使って大地を耕すことは同時に、カルティベイト（Cultivate）つまり「耕作する、栽培する、〈才能・品性・習慣などを〉養う、磨く、洗練する、修める」＝「自らの心身を耕す」力を引き出します。

　人生100年時代、先の見通せない変化の時代だからこそ、「農」は「生きる力」の全体性を再構築する哲学であり、一人ひとりにとって生涯に渡る、根源的で普遍性のあるテーマです。そして、むらの小さな小学校であれば、一人ひとりの個性に合わせて、このテーマ「農に備わっている本質的な力」を培うことができるのです。

地域協働、小規模特認校、コミュニティ・スクール、ウェルビーイング（Well-Being）、
エンパワーメント（Empowerment）、レジリエンス（Resilience）

# 「生きる力」を育てる農のもつ意義
## ―― 小規模校の可能性

　ここでは茨城県阿見町で初の小規模特認校「君原小学校」（筆者の子どもたちも通学）の事例を取り上げます。

　阿見町は日本第二の湖・霞ヶ浦に面し、都心まで60km圏内、都市化が急速に進み、人口も年々増えています。国や県の「公立学校の適正規模・配置」の方針を基に、学校の統廃合が推進されました。駅周辺の新興住宅街では小学校が新設される一方、農村部では2つの小学校がすでに廃校となりました。

　田園地帯にある君原小学校（1877年創立）は、「小規模特認校」（町内全域から児童を受け入れ、少人数での特色ある教育を行なう）として存続し、2020年4月から新たにスタートしました（2023年現在、児童数52名）。教育目標は「自ら伸びようとする子供の育成」で、「周りの豊かな自然・地域を生かした体験活動」や「時代の変化に応じた教育」環境で学んでいます。

　地域と学校を結ぶ「コミュニティ・スクール」には人材育成の拠点として無限大の可能性があります。校庭の花壇・樹木・農園・学校林、周辺の田畑・山林・川・湖の屋内外活動の多様な学習体験を通じ、「農と教育」が補完し合っていきます。その創造と刺激に満ちた農教育環境の創出は、エンパワーメント（湧力：人間に潜在する内発的発展力）を引き出し、生涯にわたってレジリエンス（生き延びる力）を養い、「生きる力」を育みます。

❷小規模特認校の募集チラシ
（令和4年度）

❸町長賞を受賞した、まちづくり探検隊
「阿見町のお野菜調べ隊」の研究発表
（2016年）

## 調べてみよう

☐ Iターン・Uターン・Jターン都市部から地方移住する若者が
　増えているのはなぜ？

☐ 人生100年時代、青年から老年期まで、
　心身共に健やかに過ごせる生涯設計を考えてみよう。

☐ 自分の住む地域で農に関わる特色ある学びを実践している
　保育園や幼稚園、小・中・高等学校、大学をさがそう。

## 地域人材を育てる「学校と地域の教育力」
―― 今さら農業？　から、今だから農業へ

　農業に限った話ではないが、AI などテクノロジーによって仕事がなくなり、学校教育においても暗記は過去の学習法となり、人間はより創造的な仕事を担うべきといわれる。一方、地域では人材が不足し、地域をマネジメントする人材育成の必要性が国・地方自治体・農村でも高まっている。「人間が役に立たない」「人材が不足している」という相反する状況が併存するパラダイムシフトの時代に、農業や農村にはどのような課題や可能性があるのだろうか？

　筆者が大学や農作業フィールドワークなどで出会う若者や学生からは、「人間が農業をする必要性は？　スマート農業（ロボット・ICT・省力化農業）にして…」という意見が多数寄せられる。農業（農村、田舎、農家）についてヒアリングした結果から浮かび上がった代表的なマイナス・イメージを示した「15K」の図からも、遅れた産業や地域と認識されていることがわかる。

　しかし、農林水産省が行なったアンケートによれば（※）、若手農業者のなかには、規模拡大や生産性を至上とする農業経営の脆弱性に気づき「ワーク・ライフ・バランス」のライフに比重を置いた生涯設計、等身大の「暮らし方農業」を求めている人たちが少なくない。なかには、非人間的なブラック労働・科学技術文明から生じる人間の疎外とは違う世界を求め、「農」＝「生」という原点に立ち返る「生き方農業」を模索する就農者もいる。

　「15K」のなかには「農村の教育環境ってどうなの？」という問いがある。この問いへの回答は、学習指導要領における「探求的な見方・考え方」つまり「広範な事象を多様な角度から俯瞰してとらえ、実社会・実生活の課題を探求し、自己の生き方を問い続けること」にぴったりな場ということだ。

　こう考えると、従来の教育とは違う可能性が見えてくる。地域内外で働き生活する多様な人材が、地域の自然環境と調和的に生きる価値観を共有し、「農」を礎とした教育環境をつくり、地域活性化にも道を拓く。「学校と地域の教育力」は森と川と海がつながっているように、流域としてとらえる「地域のすべてが教室である」学びにより、地域ぐるみで発展する。

　「農」に関するローカルな知は、農家の土地に根差した経験の蓄積からなり、生存の必要から生まれた「身体知」「在来知」「伝統知」「実践知」として練られた「生活知」である。農業を斜陽産業と考える「上から目線」ではなく、頻発する災害など混迷の時代だからこそ、生きる上で本当に必要なことを身につけている農家から学ぶ「地に着く」姿勢が重要である。

　「農」を個人的職業ではなく、社会的事業だと考える地域の土壌から醸成される、真の「カルティベイター (Cultivator)：耕作者」の育成は、地方創生に留まらず、世界の永続可能な社会をも創成する。

❹農業や農村に対する若者のマイナス・イメージ［15K］　筆者作成

図中：きつい　稼げない　きたない　家父長制　結論が出ない　カースト　かっこ悪い　危険　過疎化　個人主義はNG　結婚できない　高齢化　後継者不足　血縁強すぎ　教育の環境？

**もっと学ぶための参考文献・資料**

● モーリス・メルロ＝ポンティ『見えるものと見えざるもの』法政大学出版局、1994 年
● 福岡正信『緑の哲学 農業革命論：自然農法 一反百姓のすすめ』春秋社、2013 年
● パウロ・フレイレ『被抑圧者の教育学』亜紀書房、2011 年
● 山根俊喜ほか『学びが地域を創る──ふつうの普通科高校の地域協働物語』学事出版、2022 年

**解説 2**

## 自耕的・身体的で永続性のある農による学び
### ── カルティベイティブ・ラーニング（CL 学習）の提案

129 ページでは、学校と地域が連携して「自ら伸びようとする子どもの育成」に取り組んでいる多様な学習環境を紹介した。総合学習で「農と食」に関わる授業事例は多いが、それは「生きる力」を構築する学びに結びついているだろうか？ 農学は「総合科学」（生物学、化学、物理学、工学、生態学、地球科学、社会科学、人文科学など）を指向する学問といわれるが、「農」の持つ総合性を生かすには何よりも田畑山林の現場において全身感覚で身につける実践「生きた学び」が必要である。

フランスの哲学者メルロ・ポンティは『知覚の現象学』で、人間の身体よりも精神を尊重する「精神偏重主義」に対して、「身体知」の重要性を指摘した。私たちは世界に身体として住み込み、身体でこの世界を理解している、人間の身体は貴重な価値があるというのが主張の要点である。

「生」（生命・生存・生活・生涯）を育む学習である食農教育をどのようにとらえ、改善・実践したらよいのか？ 自らの生物的存在を農作物の栽培などを通じて体感することが有効である。学びの主体性・当事者意識に基づく自覚的な学習方法として、「カルティベイティブ・ラーニング（Cultivative Learning）＝自耕的・身体的で永続性のある農による学び（筆者の造語。以下、CL 学習）」を提案する。

CL 学習は「誰か」の考える・教える"統合"教育から出発するのではなく、日常に生活する一人称としての「自分（自耕）」から出発する。創造的な知の源泉はリアルな「自分（身体）」のなかにある。自ら耕すことはライフスキル（生活力）を養成し、本当の自己肯定感を育み、ウェルビーイング（Well-being）「身体的・精神的・社会的に良好な状態」を生涯にわたって高めることに役立つ。受け身で机上の知識を覚える学習者から、主体的に活動する実践者への道を開き、自分と周りの環境・地域に自ら働きかける「総合的な人間力」の全体像をつくる生涯学習の土台となる。

自耕的・身体的な農をベースにした自然体験のなかで、自分自身が「何かを生み育てる力」を秘めた存在であることを見出す自学自習の概念として「CL 学習」を提示した。地球と人間の接点である「農」は、生物としての人間の存在を、最も生き生きと自分の心身に「内なる自然」として実感させるハブ（HUB）「触媒」である。農（業）の源流「自耕・身体」を探ることは「生きる力」の源泉に立ち返ることに他ならない。

一人ひとりが「農」から「生きる力」を学ぶ意義は、言葉や文字や映像によってのみ対象化される教育ではなく、真の「生きる力」＝自ずから生きようとする力＝「自然の力」に根ざした学習者主体の環境をつくり、自耕自作で「自らタネを蒔く人」になり「自らを描き、意味づけ、善く生きる主体者」が育成されることにある。

**自耕的・身体的で持続性のある農による学び**

| |  |  | |
|---|---|---|---|
| 1. | Ecological Enviroment | 生態的環境 | Everyday 毎日 |
| 2. | Economical Energy | 経済的エネルギー | Everything 横断的な |
| 3. | Endless Engagement | 生涯現役 | Everywhere どこでも |
| 4. | Essential Education | 本質的な教育 | Everyone みんな |
| 5. | Engrossing Earth | 魅惑的な地域 | Evergreen いつまでも新鮮な |
| 6. | Excellent Eats | 魅力的な食事 | |
| 7. | Echoing Empathy | 互いの共鳴 | |
| 8. | Elegant Esprit | エレガントな機知 | |
| 9. | Elaborated Effort | 磨きをかけた努力 | |
| 10. | Eternal Empowerment | 永遠のエンパワーメント | |

人生を「善く生きる」生涯学習として

❺ カルティベイティブ・ラーニング（CL学習）の目的［10 E］　筆者作成

※ 「若手農業者の現状や将来に向けた考え」農林水産省が 2017 年 10 月から 11 月にかけておこなった web アンケートによる。

131

# 都市（まち）で農業をする

### 執筆：竹之下香代

## ◎都市農業が果たす多様な役割

　世界の食料の 70% は、都市の住民によって消費されています。 2050 年までに、世界の 10 人に 7 人が都市に住むようになり、SDGs の達成は都市住民の行動に大きく依存することになります。

　都市農業とは、都市および周辺地域の土地・空間で農産物を生産することです。農地のほか、ビルの屋上や屋内でも実践できます。その場合マイクロガーデン、温室、ネットハウス、水耕栽培施設、水耕栽培と水産養殖を同じ施設内で一緒に行なうアクアポニックスなどの手法が用いられたりします。運営の形態としては家庭菜園、コミュニティやその他の共有ガーデン、商業生産、および学校・病院等の施設での生産があります。

　昨今のコロナ禍は、既存の食料システムの脆弱性を露呈し、より短いサプライチェーンの重要性を浮き彫りにしました。都市農業は、地方からの食料供給を補完し都市住民に食料を供給するだけでなく、多種類の安全で高栄養価の食料を提供し、食料安全保障と栄養改善に寄与しています。また、地元の需要に効率的に応えられるため、食品ロスと廃棄を減らします。さらに雇用や所得獲得機会を創出し、社会的包摂と連帯、ヘルシーな食事への認識と食育を促進しています。

　同時に、都市の緑化の促進を通して生物多様性を保護・回復し、災害の影響を緩和することで、食料システムだけでなく、ヒートアイランドや温室効果ガス排出量削減への対策、および雨水管理など、都市全体のレジリエンス（復元力）の構築に貢献しています。たとえば、エクアドルの首都キトでは 2002 年に開始した参加型都市農業プログラム（AGRUPAR）により、都市部の 63.72 ha の土地が 1400 の市民農園に分割され、市民、特に女性や高齢者が有機栽培やアグロエコロジーで自家消費の野菜を生産しています。スペースが限られている場合、垂直庭園や、瓶、箱、タイヤなどのリサイクル容器を用いたマイクロガーデニングに取り組んでいます。

参照文献：FAO, Rikolto and RUAF. 2022. *Urban and peri-urban agriculture sourcebook – From production to food systems*. Rome, FAO and Rikolto. https://doi.org/10.4060/cb9722en

余剰農産物は直営の定期市で販売できるので、生産者に経済的機会が生まれます。一方、消費者は新鮮な有機農産物を手頃な価格で入手できます。ほとんどは雨水で栽培され、また、農場内で有機質肥料を生産するため、運営コストと化学物質による環境汚染が削減されています。

　したがって都市農業は、都市の食料システム、特に生産（園芸、養殖、畜産を含む）、消費、販売に深く組み込まれており、農業、都市計画、インフラ、環境、健康、教育、運輸、水管理、経済、社会、コミュニティ開発などのさまざまな分野と相互に関連しています。

## ◎都市農業を都市計画に組み込む

　たとえばオランダで急成長している都市、アルメレ市は模範的な「緑の都市」を目指して、食の供給（生産、都市農業）・緑化（生活の質の向上）・エネルギー（エネルギー効率性と自給）・健康（ヘルシーで新鮮な地元の食材と、緑化がもたらす心身の健康）という4つの分野にまたがった都市計画を作成しました。アルメレ市の所在するフレボランド県には農場から食卓まで、食品供給網に関わる多くの起業家がいます。彼らは今日と未来の食料を提供するため、ハイテクとエコロジーのバランスに配慮しています。

　このように多様な計画の目標と戦略を達成するためには、都市農業を都市・地域計画へ統合する、体系的な取り組みが必要です。それには多様な利害関係者、部門、多段階にわたる効果的な協力と調整が鍵となります。

　1991年にカナダのトロント市議会によって設立されたトロント食料政策評議会（TFPC）は、増大する飢餓と食料不安の問題に食料システムというアプローチをもたらしました。評議会のメンバーには、市職員、周辺の農村コミュニティの農家、青少年の代表、多様な食料システムの視点を代表する市民関係者が含まれています。過去30年間、TFPCはトロントの食料戦略、環境計画、食料憲章などに多大な貢献をしてきました。

　世界的には都市農業はSDG 2「飢餓をゼロに」、SDG 11「住み続けられるまちづくりを」、SDG 13「気候変動に具体的な対策を」、SDG 1「貧困をなくそう」、SDG 12「つくる責任つかう責任」に貢献しています。

都市農業のワークショップ　©RUAF

地球の気候変動

生物多様性と農業

感染症

飢餓と肥満

都市化と食・農

紛争と難民

平和と食・農

未来への提言

©FAO, 2022. Licensee Nobunkyo, Japan
この記事に示された意見は執筆者個人に属するものであり、必ずしも国連食糧農業機関の意見や政策を反映したものではありません。
This article is an open access article distributed under the terms and conditions of the Creative Commons Attribution
-Noncommercial-NoDerivative Works 3.0 IGO License (CC-BY-NC-ND 3.0 IGO)

# 「ノンフォーマル教育」から学ぶ、食と農と私のつながり

執筆：田村梨花

## ◎ノンフォーマル教育における食と農──ブラジルの事例から

　食と農に関する知識を身につけるとしたら、私たちの身近にどのような教育の場があるでしょうか。おそらく多くのみなさんが、学校で経験した、「総合的学習の時間」などで取り入れられていたミニトマトやお米を育てる授業や、家庭科での食育の授業を思い浮かべると思います。学校教育のカリキュラムのなかに食と農を学ぶ授業を増やしていくことは重要ですが、学校以外にも、食と農をより自分に近い問題として意識しながら学べる教育の場が存在します。それはノンフォーマル教育と呼ばれる、地域社会の人々が主役となり、自分たちの生活をよりよいものにするために創られた「学びの空間」を指します。ノンフォーマル教育の発展形式や授業の内容は、貧困撲滅、人権の尊重、環境保全など地域社会が抱える課題と関連づけられることが多いため、それぞれの国、地域で異なりますが、生態系を尊重し、有機農業を家族単位で実践するアグロエコロジーの思想の発祥地でもあるラテンアメリカでは、食と農は非常に重要なテーマです。

　ブラジルで展開されているノンフォーマル教育でも、環境教育の一環として食と農をテーマとする活動が行なわれています。アマゾン川の河口に位置するベレン市にあるエマウス共和国運動というNGOでは、コミュニティの学校をつくり、ブラジル農牧研究公社（Embrapa）との協力で「コミュニティ農園プロジェクト」を開始しました（❶）。校内に農園をつくり、子ども、家族、地域住民自身が管理者となり、専門家の指導を得ながら、有機・無農薬による農法を学び、安心安全な地産地消の食糧供給の拠点をつくり、いずれ各家庭で農園を育てられるようになるこ

❶エマウスの環境教育プロジェクト
出所：Movimento República de Emaús Website

とを目指しています。地域ぐるみで作物を育て、収穫物の販売にもかかわることで、子どもも大人も「食べること」「育てること」についての意識が変化します。学校では、給食の残飯が減少したそうです。コロナ禍の影響で収入の減少した家庭への緊急食糧援助でも畑の野菜は大活躍しました。「食と農」への関心とコミュニティでの実践が、自分の生活と地域をつなぎ、誰もが安心して暮らすことのできる本当の意味での豊かな社会を探求する意識を養う教育として展開されています。

## ◎「食と農」をヒントに、自分を出発点として世界を俯瞰する

誰の心のなかにも、よりよい社会を構築したいという強い気持ちがありますよね。そのために何を学んだらよいだろうか？ と想像し、温暖化をストップさせるための国際法、SDGs を目標とする政治の動向、持続可能な農業開発プロジェクト、飢餓撲滅のための国際協力…と、自分自身の関心に沿って学びを進めていくと思います。

一方で、専門的な教育分野だけにとらわれてしまうと、どんどん見えにくくなってしまうのが、「壮大で重要な問題」と「日々の自分の暮らし」との関係です。実は、「食と農」というキーワードは、それらをつなげてくれる力をもっています。必要な栄養をとり、健やかな身体をつくることは、自分自身の問題でもあるはず。私たちにいのちを与えてくれる自然の存在に思いをはせると、食生活を支えてくれる農業のあり方に責任をもつ意識が生まれてきます。社会の不平等性がなかなか解消されないブラジルでは、「人々の権利が守られる社会を創る」ための社会運動として、ノンフォーマル教育が実践されてきました。自分自身に、そしてコミュニティ自身に深くかかわる問題として食と農を学ぶと、食料主権の重要性や、地球を次世代に引き継ぐために必要な持続可能な農業という、世界的課題への関心へとつながります。その学びは、「もしその農業システムを支えるために被害を受けている人がいたら？」「そのために消えることになってしまった地域文化があったら？」と、みなさんの世界を広げていきます。

世界の問題を自分事として認識できる力は、いずれ社会を変える力として成長します。そのために必要なもう一つのポイントは、「フィールドワーク」です。机上で考えるだけではなく、まずは畑に出て、土を触り、草を取ってみる。農業に携わっている人に話を聞いてみる。その畑で採れた野菜を味わってみる。その経験は、書籍に書かれているグローバルな問題を色鮮やかにし、遠い世界で起きている貧困、格差、開発をめぐる社会問題への意識を研ぎ澄ませてくれるはずです。

地球の気候変動

生物多様性と農業

感染症

飢餓と肥満

都市化と食・農

紛争と難民

平和と食・農

未来への提言

# おわりに
## —— パラダイムシフトに向けた深い学びと変える力を　（池上甲一）

### 求められるパラダイムの転換

　「今まで通りという選択はありえない」（"Business as usual" is (still) not an option.）。これは、2020年に公表された『IAASTD +10』という報告書（正式名称は『食料システムの転換：求められるパラダイムシフト』（Transformation of our food systems: the making of a paradigm shift）がいちばん最初に掲げているキーメッセージです。この報告書のタイトルにもなっているパラダイムとは、ある時代に支配的になっている考え方の規範です。現在だと効率的に資源を使い、経済成長を続けるという考え方が相当するでしょうか。

　2004年に、世界銀行と国連機関が中心になってIAASTD研究プロジェクトを始めました。それは「開発のための農業科学技術の国際評価（International Assessment of Agricultural Science and Technology for Development）」の英語名の頭文字をとったもので、その名前の通り世界の農業や科学に関する研究者が数年をかけて、人類の未来を左右する農業のあり方を科学的に分析し、目指すべき方向性を提示するという大きな研究プロジェクトでした。2009年に公表された最終報告書は、世界各国で進めてきた効率性追求の大規模農業が環境的にも経済的にも合理的とはいえないし、地球温暖化や生物多様性の喪失あるいは飢餓・貧困・格差のような「地球の病理」を克服することも難しいという、とても重要なメッセージを出しました。つまり、効率性に代わる原理を打ち立てることが大事だというわけです。

　『IAASTD +10』はこの最終報告書公表からおよそ10年経ったことをきっかけに、IAASTDにかかわった有志の研究者たちがこの間の変化を検証したものです。彼らはいろいろなデータを使って10年間の変化を検証しましたが、あいにく目覚

ましい進歩はなかったと結論づけました。結局、「地球の病理」を克服するには、それを引き起こしてきたパラダイムを根本的に変えるように、人類社会がいっそう協力し、努力する必要があることが浮き彫りになったといえるでしょう。

### 第1巻のメッセージから何を学ぶか

『テーマで探究　世界の食・農林漁業・環境』第1巻の最大のメッセージは「地球は病んでいる。だが希望はある」でした。第1巻を読み終えたら、「地球は病んでいる」の部分の説明からパラダイムシフトの必要性をわかってもらえたと思います。問題は後半の「だが希望はある」をどのように実現していくのかです。第1巻では、この難問に対する具体的な答えを用意していませんし、また用意すべきでもないと考えています。あくまでも、どうすればよいのかを考えるための素材を提供し、既成の考え方にとらわれないことの大切さを訴えてきました。だからこそ、能動的な深い学びと構想力または探求力の錬磨の重要性を強調してきました。

しかし、気候危機や生物多様性の喪失、あるいは世界の飢餓・貧困の深刻さを前にすると、どうしても問題の大きさにひるんでしまいがちです。問題の大きさゆえに、私たちが問題克服に向けて取り組んでも効果がないように感じがちです。また、これらの問題の克服にどの程度役立っているのか、何も変わらないのではないかという疑いを持つこともあるでしょう。

実際、『国連大学 包括的「富」報告書』（明石書店、2014年）のアドバイザーたちでさえ、事態の深刻さに比して改善は遅々として進まないこれまでの取り組みに対して、ある種のいら立ちをともないながら次のように述べています。

1987年のブルントラント報告書の公表以降の25年間の「目覚ましい進歩に

もかかわらず、人類は資源を保全し、自然生態系を保護し、もしくは長期的な生存を確保することができなかったのだ。……『重箱の隅をつついている』のではもはや不十分である。…… 必要なことは、効率性や成長という既存のパラダイムと発想からの訣別である」。

## 時代は変わるし、変えることができる

　それでは、世界は今の苦境から抜け出すことはできないのでしょうか。簡単ではありませんが、みんなが変える努力を続ければ時代は変わります。私が学生だった1970年代後半〜80年代までは「環境では飯が食えない時代」でした。環境に関連する研究テーマを扱っていた私は、別の研究室の先生方からよく「環境では就職先がないから別のテーマに変えたらどうか」と言われました。しかし1992年の「地球サミット」を経て、2010年くらいには「環境でも飯が食える時代」に変わってきました。さらに現在では「環境抜きには飯が食えない時代」に入っています。企業でもいろいろな環境要件をクリアーしないと、世界に通用するビジネスを展開できないのです。

　まさに「時代は変わる」（"The Times They are a-Changin'"：フォーク歌手のボブ・ディランの歌）し、「変えることができる」（"We Can Change"：オバマ元米国大統領のスローガン）のです。そのためには、能動的な深い学びと構想力・探究力の錬磨に加えて、具体的に変えていく力と諦めない継続力が必要になるでしょう。変革の方向は、未来を生きるみなさん方のような若い世代がほかの人たちとしっかり議論をして決めていくしかありません。他人事ではなく、自分事だという自覚が大事になるでしょう。

## 執筆者紹介（五十音順）

**浅岡美恵**（弁護士／NPO法人気候ネットワーク理事長）／ *Column 2*

**池上甲一**（近畿大学 名誉教授、第1巻編者）
はじめに／ *Theme 6*／ *Theme 7*／ *Theme 10*／ *Theme 11*／ *Theme 19*／ *Column 8*／おわりに

**猪瀬浩平**（明治学院大学教養教育センター 教授）／ *Theme 21*

**上園昌武**（北海学園大学経済学部 教授）／ *Column 1*

**江守正多**（東京大学未来ビジョン研究センター 教授／国立環境研究所）／ *Theme 1*

**岡崎衆史**（農民運動全国連合会 事務局次長／国際部長）／ *Theme 20*

**岡野英之**（近畿大学総合社会学部 准教授）／ *Column 5*

**北川忠生**（近畿大学農学部 教授）／ *Theme 5*

**古賀 瑞**（青年環境NGO Climate Youth Japan 代表／東京農工大学農学部）／ *Theme 3*

**斎藤博嗣**（一反百姓「じねん道」斎藤ファミリー農園 代表、第1巻編者）／ *Theme 26*

**佐藤 寛**（開発社会学舎 主宰／持続可能なサプライチェーン研究所 主任研究員）／ *Theme 16*

**澤登早苗**（恵泉女学園大学人間社会学部 教授）／ *Theme 25*

**竹之下香代**（国際連合食糧農業機関[FAO]パートナーシップオフィサー）／ *Column 9*

**髙田礼人**（北海道大学人獣共通感染症国際共同研究所 教授）／ *Column 4*

**高橋清貴**（恵泉女学園大学人間社会学部 教授）／ *Theme 18*

**田村梨花**（上智大学外国語学部 教授）／ *Column 10*

**中井恒二郎**（国際連合世界食糧計画[WFP]キルギス共和国事務所 代表）／ *Column 7*

**橋本康範**（一般社団法人農山漁村文化協会 東北支部長）／ *Column 6*

**林 陽生**（NPO法人クライメイト・ウォッチ・スクエア 理事長）／ *Theme 2*

**藤掛洋子**（横浜国立大学 都市科学部長・都市イノベーション研究院 教授）／ *Theme 12*

**藤原辰史**（京都大学人文科学研究所 准教授）／ *Theme 9*

**藤山 浩**（一般社団法人持続可能な地域社会総合研究所 所長）／ *Theme 24*

**古沢広祐**（NPO法人「環境・持続社会」研究センター 代表理事）／ *Theme 14*

**松平尚也**（農業ジャーナリスト／龍谷大学非常勤講師）／ *Theme 23*

**守山拓弥**（宇都宮大学農学部 准教授）／ *Column 3*

**安井大輔**（立命館大学食マネジメント学部 准教授）／ *Theme 17*

**山下良平**（石川県立大学生物資源環境学部 准教授）／ *Theme 15*

**山本太郎**（長崎大学熱帯医学研究所 教授）／ *Theme 8*

**湯澤規子**（法政大学人間環境学部 教授）／ *Theme 13*

**鷲谷いづみ**（東京大学 名誉教授）／ *Theme 4*

**渡辺龍也**（東京経済大学現代法学部 教授）／ *Theme 22*

## 編著者紹介

### 池上 甲一（いけがみ こういち）

1952 年、長野県生まれ。京都大学、近畿大学で教育・研究に従事。現在、近畿大学農学部名誉教授。前国際農村社会学会会長。農業社会経済学の構築を目指し、農業・食料、水・環境、アグロエコロジー、フェアトレード、大規模農業投資などについて研究しながら、日本とアフリカの村を歩き回っている。著書に『農の福祉力』（単著、農文協、2013 年）、「特集 現代社会と食の多面的機能」（責任編集、『季刊 農業と経済』88 巻 4 号［2022 年秋号］、英明企画編集）、『アフリカから農を問い直す』（分担、京都大学学術出版会、2023 年）などがある。

### 斎藤 博嗣（さいとう ひろつぐ）

1974 年生まれ、東京育ち、2005 年茨城県阿見町の農村へ移住、新規就農。夫婦子ども家族 4 人で一反百姓「じねん道」斎藤ファミリー農園を営む。自給生活をしながら、アグロエコロジスト、農的ワークライフバランス研究家として、地球市民皆農「すべての人に農を！」推進。立正大学経営学部卒業後、ベンチャー企業に 5 年勤務。T&T 研究所（鴨川自然王国）研究員。家族農林漁業プラットフォーム・ジャパン（FFPJ）常務理事。2024 年より上智大学非常勤講師。編書に、『緑の哲学 農業革命論：自然農法一反百姓のすすめ』（福岡正信 著、春秋社）などがある。

（テーマで探究） 世界の食・農林漁業・環境

# ほんとうのグローバリゼーションってなに？
## ── 地球の未来への羅針盤

2023年4月 5 日　第1刷発行
2024年8月20日　第2刷発行

編著者　　池上甲一・斎藤博嗣

発行所　　一般社団法人　農山漁村文化協会
　　　　　〒335-0022　埼玉県戸田市上戸田 2丁目2-2
電　話　　048(233)9351(営業)　048(233)9376(編集)
Ｆ Ａ Ｘ　048(299)2812　振替00120-3-144478
Ｕ Ｒ Ｌ　https://www.ruralnet.or.jp/

ISBN978-4-540-22113-2
〈検印廃止〉
©池上甲一・斎藤博嗣 ほか 2023 Printed in Japan
デザイン／しょうじまこと(ebitai design)、大谷明子
カバーイラスト／平田利之
本文イラスト・図表／岩間みどり(p28、p116)、スリーエム
編集・DTP制作／(株)農文協プロダクション
印刷・製本／TOPPANクロレ(株)
定価はカバーに表示
乱丁・落丁本はお取り替えいたします。

# 農林水産業は
# いのちと暮らしに深くかかわり、
# 地域、森・里・川・海、日本、
# さらには世界とつながっていることを、
# 問いから深めるシリーズ

B5判並製（オールカラー）
各2,600円+税／セット価格7,800円+税

（テーマで探究）世界の食・農林漁業・環境 **1**

## ほんとうのグローバリゼーションってなに?
### ── 地球の未来への羅針盤 ──

池上甲一・斎藤博嗣 編著

地球環境と飢餓や貧困のような社会的な問題はからみあっている。こうした「地球が病んでいる」現状に対して、食と農からどのような羅針盤を描くことができるだろうか。紛争や難民、平和と農業についても取り上げる。

[取り上げる分野]
地球の気候変動、生物多様性と農業、感染症、飢餓と肥満、都市化と食・農、紛争と難民、平和と食・農、未来への提言

（テーマで探究）世界の食・農林漁業・環境 **2**

## ほんとうのサステナビリティってなに?
### ── 食と農のSDGs ──

関根佳恵 編著

食や農に関する「当たり前」を、もう一度問い直す。サステナブルな社会の実現につながるアイデアを、第一線で活躍する研究者たちがデータも交えて丁寧に解説する。自ら探究し、考えるための一冊。

[取り上げる分野]
SDGs、家族農業、日本の食卓から、貿易と流通、土地と労働、テクノロジー、社会と政策

（テーマで探究）世界の食・農林漁業・環境 **3**

## ほんとうのエコシステムってなに?
### ── 漁業・林業を知ると世界がわかる ──

二平 章・佐藤宣子 編著

SDGsの根底には「人も自然もすべては関連しあっている」という発想があり、森里川海のつながりに支えられ、そして支えているのが漁業と林業。その営みとわたしたちの日常の暮らしの関係から、未来の社会を考える。

[取り上げる分野]
《漁業》食卓と流通、資源問題、内水面漁業、つくり・育てる漁業、環境と生物多様性、多面的機能、漁業の未来
《林業》世界の林業と日本の暮らし、日本の森のあり方、持続的な森づくりと林業経営